渐入“家”境

舒适小家

日 … 型

搭 … 秘籍

庄新燕　等编著

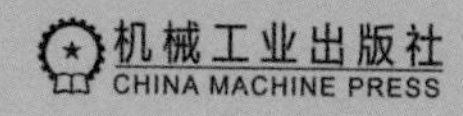

机械工业出版社
CHINA MACHINE PRESS

本书汇集了数百幅小户型家庭装修案例图片，全方位展现日式风格居室极简、质朴、自然、禅意的特点。全书共有六章，包括了客厅、餐厅、卧室、书房、厨房、卫生间六大主要生活空间，分别从居室的布局规划、色彩搭配、材料应用、家具配饰、收纳规划五个方面来阐述小户型的搭配秘诀。本书以图文搭配的方式，不仅对案例进行多角度的展示与解析，还对图中的亮点设计进行标注，使本书更具参考性和实用性。本书适合室内设计师、普通装修业主以及广大家居搭配爱好者参考阅读。

图书在版编目（CIP）数据

舒适小家. 日式风格小户型搭配秘籍 / 庄新燕等编著. —北京：机械工业出版社，2020.12
（渐入“家”境）
ISBN 978-7-111-66892-3

Ⅰ. ①舒… Ⅱ. ①庄… Ⅲ. ①住宅－室内装饰设计 Ⅳ. ①TU241

中国版本图书馆CIP数据核字(2020)第219755号

机械工业出版社（北京市百万庄大街22号 邮政编码 100037）
策划编辑：宋晓磊 责任编辑：宋晓磊 李宣敏
责任校对：刘时光 封面设计：鞠 杨
责任印制：孙 炜
北京利丰雅高长城印刷有限公司印刷

2021年1月第1版第1次印刷
148mm×210mm・6印张・178千字
标准书号：ISBN 978-7-111-66892-3
定价：39.00元

电话服务
客服电话:010-88361066
010-88379833
010-68326294

网络服务
机 工 官 网：www.cmpbook.com
机 工 官 博：weibo.com/cmp1952
金 书 网：www.golden-book.com
机工教育服务网：www.cmpedu.com

Foreword 前言

小户型的使用面积有限，让小居室更加舒适、美观，是多数设计师与业主梦寐以求的居住愿景。有人认为受户型与空间面积影响，小居室只适合做一些简单装饰。其实，若能在家装选材、色彩搭配、布局规划、软装配备等方面做到别出心裁，无论是奢华风还是简约派，都是可以尝试的。

本套丛书包括现代风格、北欧风格、日式风格、美式风格、混搭风格五种当下流行的热门家居装饰风格，汇集了大量真实案例，以布局规划、色彩搭配、材料应用、家具配饰、收纳规划五个方面为出发点，全面剖析小户型空间的设计搭配技巧。力求使小户型居室摆脱不好用、拥挤、昏暗的尴尬局面。满足人们对舒适居住环境的向往，也兼顾了家居美学的个性化追求。

本书以展示日式风格极简、质朴、自然、禅意等特点为主要目的，共分为六章，其中包括客厅、餐厅、卧室、书房、厨房、卫生间六大生活空间，汇集了98个设计灵感，重点讲解家居空间设计、细部设计与装饰亮点。通过图文搭配的方式，使本书阅读起来更直观、更实用。本书是一本打造日式风格完美家居氛围的秘籍，能为不同需求的读者提供参考。

Contents 目录

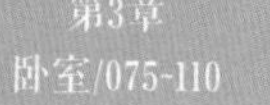
第3章
卧室/075-110

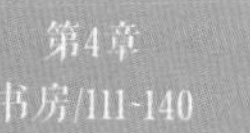
第4章
书房/111-140

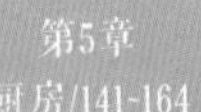

第5章
厨房/141-164

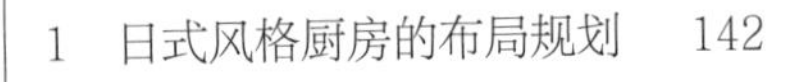

第6章
卫生间/165-186

第1章

客厅

1 日式 <风格
客厅的布局规划

低矮家具规划布局，视线更加开阔

一物多用，释放空间

开放式空间的动线规划

亮点 Bright points

收纳柜

双色柜体，虽然造型简单，但木色与白色的组合十分精致，用来放置闲置物品非常适宜。

亮点 Bright points

格子吊顶

吊顶的设计延续了墙面收纳格子的造型，让室内设计层次更加丰富。

亮点 Bright points

书桌

书桌的造型简单大方，利用阳台空间打造的读书角不会影响客厅采光。

低矮家具规划布局，视线更加开阔

打造开放式的空间布局，可利用家具作为空间布局的界定，避免墙体或隔断产生压迫感，让整个空间的视线更加开阔。灵活可移动的家具，让居室的布局规划不受制约，可以根据实际情况进行调整，增添了小空间的灵活性。

小家精心布置之处

1.客厅的设计十分简洁，整个地面采用浅色木地板作为装饰，搭配木色、白色和绿色，给人的视觉感十分清爽、明快。

2.客厅的一角设计成休闲的角落，整面墙的边柜设计拓展了空间的功能，将收纳区与休闲角融为一体。

小家精心布置之处

1.简单的小沙发搭配同一颜色的茶几，将日式的极简风格展现得淋漓尽致；茶几上一株可爱的绿植与彩虹色的方盘所带来的活力感不容忽视。

2.这个角度可以将整个室内尽收眼底，视线所及之处以白色为主，地板选择灰色调，其木材纹理是对自然感的向往与尊崇。

3.小客厅的整体设计十分简单，利用一道半隔墙将卧室与其分开，中间大面积的玻璃兼顾了两个区域的通透性，让无窗的小客厅看起来更明朗。

吧台与书桌的组合形式，让客厅同时形成一个多功能房间，在满足休闲、阅读和收纳功能的同时，还能够合理规划空间。这里可以为读书或学习提供一个安静的角落，也可用作喝茶聊天的休闲场所，以及日常用品的收纳。一屋多用，在视觉上给人的整体感觉十分简单，却不乏设计的精良用心。

亮点 Bright points

花艺与玻璃器皿

鲜花搭配玻璃器皿，安静地被放置在桌面上，一抹绿、一抹粉，安逸祥和。

日式小户型居室，也偏爱于开放式的空间布局，为保证小空间内动线的流畅性，可以在吊顶的设计上花费一点心思。增加一处横梁、局部改变顶面材质或是添加一些装饰线条等，适当地改变顶面的造型，能给人在视觉上形成区域划分。

小家精心布置之处

1.电视墙两侧都有整体的收纳柜，多样化的储物空间可以满足多种需求，封闭式的柜体整洁度更高。

2.落地窗是整个室内的亮点，让空间的开阔性更好，良好的采光也保证了两个空间的舒适性，在阳光的沐浴下室内氛围格外温馨。

亮点 Bright points

丝质窗帘

窗帘的质地轻薄，给人的感觉十分曼妙。

3.小沙发与茶几节省空间，在满足待客基本需求的情况下还兼具家具搭配的美感。

4.客厅的一角被规划成小书房，灯饰的组合运用，缓解了小空间的封闭感和压抑感。

2 日式 < 风格
客厅的色彩搭配

利用小件软装元素点缀出缤纷的色彩层次

一点绿色，让房间变得清爽宜人

偏爱留白的日式配色

富有层次的木色系，自然营造出日式慵懒风

亮点 Bright points

木质边几

小尖腿造型的边几虽然外形很纤细，但是考究的选材让它看起来依旧坚实耐用。

亮点 Bright points

白墙

裸砖搭配白色墙漆，平添了留白墙面的立体感，也迎合了日式居室的极简风格。

亮点 Bright points

玻璃花器

蓝色的玻璃器皿中插着永生的绢花，简约中流露出柔美之感，搭配留白的墙面、原木的搁板，给人朴素而美好的感觉。

04

利用小件软装元素点缀出缤纷的色彩层次

以白色和木色为主色调是日式风格的经典配色法。若想打破单一与传统的色感，可以适当地融入一些比较丰富的颜色进行点缀，为简约的日式居室增添亮点。整齐陈列的书籍、随意摆放的日式小物件都能成为提升空间配色层次的好工具。

小家精心布置之处

1.利用定制家具在客厅的一角设立了书桌，同时利用收纳柜划分卧室与客厅，整面墙的柜体增加了整个居室的收纳储物空间，是小户型居室的最佳选择。

2.清透的白纱窗帘让室内光线更加柔和，木质家具与地板的运用环保健康，彰显了生活品质。书籍是整个室内装饰的焦点，丰富了空间的文化气息。

<1

<2

05

一点绿色，让房间变得清爽宜人

亮点 Bright points

布艺沙发

沙发的造型十分简洁，非常符合日式家具注重功能的特点。

日式风格的小空间，以白色、木色为主要配色是十分常见的配色手法，为了不让房间看起来显得太过单调，可以在房间内布置一些简单的绿植，或是在布艺软装元素中融入一点绿色，让空间整体充满清新感，同时充满简约而自然的自愈感。

小家精心布置之处

1.墙面做成了开放式的收纳格子，其中摆放着各种各样的书籍，让空间层次变得更加丰富多彩；休闲椅、玻璃花瓶、抱枕的颜色相互形成呼应，彰显出日式风格居室细腻精致的搭配品位。

2.落地窗让小客厅拥有良好的采光，曼妙飘逸的白色窗纱，让光线更显柔和，在自然安逸的氛围下让休闲的时光更加惬意、享受。

亮点 Bright points

电视机与收纳柜

电视机可以隐藏在墙面柜子中，巧妙的设计增添了居室内的科技感。

3.满足储物需求是小户型居室的设计宗旨，电视墙的白色通顶柜子简洁大方，丝毫没有闭塞感，因为柜体是白色，能和背景墙完美地融合在一起，形成日式的经典留白。

4.孔雀蓝的布艺坐垫搭配线条简单的实木支架，休闲椅的设计是这么简洁且不失质感，自然而然地为小客厅开辟出一个休闲角落。

06

偏爱留白的日式配色

亮点 Bright points

白色墙面

白墙没有任何复杂的造型，极简风浓郁。

亮点 Bright points

托盘茶几

金属与塑料制成的托盘茶几，简单实用，美观度也不错。

<1

小家精心布置之处

1.客厅比较小，所以选用了白色作为背景色，同时搭配原木色与灰色作为主要配色，其中最引人注目的是黄色抱枕与单人椅的点缀，看似随性，却营造出简约而清爽的色彩氛围。

亮点 Bright points

装饰画

黑白色调的装饰画，缓解了白墙的单调，十分富有艺术感。

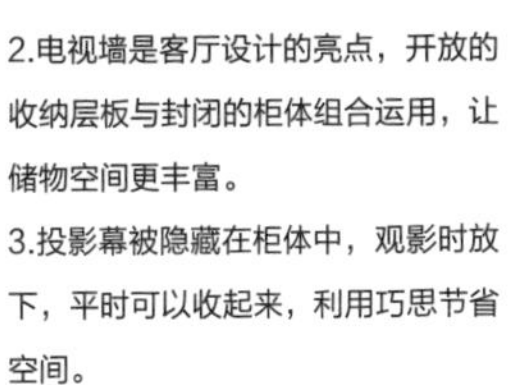

2.电视墙是客厅设计的亮点，开放的收纳层板与封闭的柜体组合运用，让储物空间更丰富。

3.投影幕被隐藏在柜体中，观影时放下，平时可以收起来，利用巧思节省空间。

4.当处于中间位置的封闭柜门打开时，小客厅就变成了书房，书桌、书柜、电脑都隐藏在柜体中，满足了对书房的一切需求。

07

富有层次的木色系，自然营造出日式慵懒风

亮点 Bright points

混纺地毯

地毯的颜色十分符合日式风格的审美标准，与木色家具形成呼应。

1

棉麻色、麻灰色或浅灰色与原木色搭配在一起，让整个居室散发着暖暖的阳光味道。主题色为原木色的家具或地板，浅灰色、棉麻色或麻灰色可以运用于布艺沙发、地毯、窗帘等布艺元素中，偶尔点缀一点绿色、黄色、蓝色、粉色或红色，灵动而丰富的配色，让日式客厅倍感舒适。

小家精心布置之处

1.一进入客厅就会让人感受到一种宁静与温馨的氛围，天然材质成为室内的装饰主角，自然的纹理和天然的质地，将日式风格所奉行的极简主义进行到底，加深了室内朴实无华的美感。

2.二楼延续了客厅的极简格调，半截隔墙让客厅的光线被引入书房，实现了LOFT空间的光源共享。

2

小家精心布置之处

1.大面积的浅色系原木色背景墙干净又清新，沙发、茶几以及地面的颜色与其保持同步，阳光透过白纱洒在室内，呈现出一派返璞归真的宁静与安逸。

2.客厅与厨房之间的间隔运用的是暖茶色的钢化玻璃，通透的玻璃材质在这个暖色调的空间中搭配得非常和谐。

3 日式 <风格
客厅的材料应用

浅色木地板的自然之感

富有层次的格栅，营造出禅意居家氛围

以浅色调墙漆为基调，辅以木色演绎日式风情

善用菠萝木格，营造日式空间

亮点 Bright points

日式插花

一盆插花简单地被放置在沙发一侧，自成一景，禅意无穷。

亮点 Bright points

板岩砖

粗糙的饰面为室内带入返璞归真的自然美感，简单不需要任何修饰就能呈现丰富的层次感，是其他装饰材料所不能及的。

亮点 Bright points

玻化砖

日式居室内砖体的颜色选择以米色系和白色系居多，以体现洁净、温暖的美感。

想要打造日式风格自然素朴的美感，地面的材料可以根据居室的采光条件、面积大小等因素来选择。小客厅中地板的颜色宜浅不宜深，多以白橡木、榉木、水曲柳等清新、干净的木材为主，木材的纹理、淡雅的色彩更加符合日式居室的清新格调。

小家精心布置之处

1.客厅配色遵循了日式家居风格低明度、低饱和度的配色原则，以白色和原木色为主，细微处点缀清新绿植，图片中目力所及之处没有其他杂色，使小客厅整体显得精致优雅。

2.沙发的背景墙设计得十分别致，原木色的饰面板搭配通透的玻璃，视觉效果层次分明，很有立体感，使两个空间的采光需求都得到满足。

Q9 富有层次的格栅，营造出禅意居家氛围

格栅造型是一种能够使空间装饰更加丰富的设计造型，格栅的半通透视感，能增添空间整体的视觉层次，让设计感更强、更巧妙。日式风格居室内的格栅以木材为主，简单的直线条格栅，根据居室内家具或墙面的颜色，无论是选择白色或原木色，都能使空间的整体氛围显得格外富有禅意。

小家精心布置之处

1.沙发墙上的搁板设计得十分巧妙，原木色搁板上放置了一些植物、相框和蜡烛，美观实用；玻璃与白墙的组合，能够使居室内的自然光线得到最大化的利用；合理的动线加上深浅得当的配色，营造出整洁舒适的居室氛围。

2.沙发墙右侧的过道，其地面材质选择了耐磨的地砖，与客厅的木地板在质感上形成强烈对比，在视觉上构成了一道无形的间隔。

3.餐厅在客厅的右后方，延续了客厅舒适的配色方式，整体以木色和白色为主，浅灰色大理石吧台的设立，为简单的生活增添了一份情趣，在繁忙之余坐下来小酌一杯，是个减压的好方式。

4.木饰面板从墙面一直延续到顶面，让小空间的搭配整体感更强，也更加强化了室内的自然氛围；无主灯式的照明设计更简洁实用。

5.走廊的地面全部选用米色调的地砖进行装饰，视觉效果整洁通透；走廊两侧没有专门设立任何间隔，使得整体光源自然而温馨，整个空间看起来也更显宽敞、明亮。

亮点 Bright points

地板与玻化砖

两种材质的色彩搭配比较平稳，呈现的视觉效果简洁又和谐。

10

以浅色调墙漆为基调，辅以木色演绎日式风情

以通透的浅色墙漆为基调的空间，总是能给人带来一种简约、利落的美感，加上运用线条简单的日式家具作为空间装饰的主体，再搭配大量的木材作为辅助，能让整个房间都流露出日式风格居室简约而清爽的风格特点。

小家精心布置之处

1.电视墙与两侧的隐形门结合在一起，保证了墙面的完整性，关上门便和电视墙融为一体，可以说是放大小户型视觉效果的巧妙设计。

2.浅色墙面搭配深色布艺沙发，让客厅呈现的视觉效果简约而富有层次感。

3.客厅中的东西并不多，一张沙发、一个茶几、几个抱枕、一盆绿植、一盏落地灯，简单的搭配保证了生活的基本需求，避免物品过盛，将日式风格的断舍离精神发挥得淋漓尽致。

亮点 *Bright points*

遮光帘

选择透明材质来划分空间，遮光帘的运用必不可少。

4.客厅与餐厅相通，餐桌的位置并不影响整体空间的动线规划，无间隔式设计避免了小空间产生的闭塞感。

亮点 *Bright points*

吊灯

白色灯光保证了用餐的舒适，简单的造型也符合日式灯具的特点。

善用菠萝木格，营造日式空间

菠萝木格与白色乳胶漆的组合，是打造日式风格居室的经典组合。原木漂亮的纹理，呈现出的视感十分舒服，为现代居室带来了乡村格调的自然与朴素，再利用白色乳胶漆调和，使客厅看起来十分简洁、敞亮。

小家精心布置之处

1.客厅整体由白色+灰色+木色组成，沙发墙和顶面几乎没有任何装饰，简单的暖色灯光渲染出一个温馨、舒适的空间氛围；皮质沙发低调优雅，与室内的木材完美契合，让客厅更加自然随性。

2.软玄关的设立避免了其他空间直接暴露在入门处，半通透的材质不会产生闭塞感，却能使两个区域各自独立。

亮点 Bright points

石材

选择石材衬托木饰面板的细腻质感，材质之间强烈的对比增添了居室设计的层次感。

<4

亮点 Bright points

隐形门

隐形门的设计让室内设计看起来更有整体感，潮流感十足。

<3

3.可推拉的隐形门设计得十分巧妙，为小居室节省了空间，隐形式设计让白墙与木门结合得恰到好处，既有整体感又不乏层次。

4.电视墙的半弧形设计是整个居室装饰的最大亮点，一改日式的细腻选材，采用了质感略显粗犷的石材与木材进行组合，无论是质感还是色彩都形成了比较鲜明的对比，呈现出别具一格的美感。

亮点 Bright points

日式茶几

木质茶几的造型十分简单，却暗藏着丰富的收纳空间。

日式 < 风格
客厅的家具配饰

小沙发，释放大空间

以天然素材为主的高颜值家具

定制家具，让小空间布置更具有合理性

简化必要家具的线条，助客厅瘦身成功

让棉麻布艺沙发成为客厅主角

亮点 Bright points

木质茶几

茶几的选材很考究，外形样式简单，坚实耐用，细腻的纹理也彰显了日式家具的精细品质。

亮点 Bright points

收纳篮

收纳篮放置在室内角落里，用来放置一些日常杂物，能一改空间杂乱的状态，让小空间看起来整洁有序。

亮点 Bright points

插花

简单的一束插花，不需要华丽的色彩或是花团锦簇的造型，就能展现出日式风格居室无限的趣味与生机。

合理选择沙发的造型与尺寸是布置客厅家具的要点之一。小客厅以两座或三座的一字形沙发最为推荐，沙发所占面积与客厅面积的比例为2:3为最佳。在实际布置时，沙发若靠墙摆放，其宽度最好占墙面的1/2或1/3，高度不要超过墙面的1/2。沙发的深度可在85~95毫米之间，这样既兼顾了客厅家具布置的协调性，又可以释放更多的使用空间。

小家精心布置之处

1.客厅连接书房的位置采用玻璃推拉门作为两个区域之间的间隔，增加了空间层次感，黑框玻璃可以让光线进入书房，避免了小书房内的闷暗。

2.沙发墙设计成开放式的收纳格子，错落有致，看起来十分有创意，格子中用来收纳的小物件是点缀生活的最佳选择。

3.电视墙赋予客厅别样的美感，也丰富了空间的色彩。

以天然素材为主的高颜值家具

选用自然素材，打造出日式风格的温馨气息，房间中不需要有过多复杂的装饰元素，象征温暖的木质材料与木制家具的搭配便能使整个空间具有大自然的宁静气氛。纯羊毛地毯、棉麻等天然布艺元素也是提升空间整体颜值不可缺少的装饰材料之一。

小家精心布置之处

1.落地窗与白色窗帘的组合，让室内拥有良好的采光却不会太刺眼，蓝色休闲椅放在窗前，蓝色与白色的组合让空间柔和而明快，整体氛围十分惬意悠闲。

2.阳台部分的地板进行了抬高设计，简约的设计保持了很大的空间自由度，空间显得十分宽敞明亮。

3.靠墙摆放的餐桌椅与沙发保持在同一水平线上，动线畅通；低矮的家具造型不会使小空间产生压迫感。

4.白色与木色的配色，使客厅呈现出一派温馨的景象，L形布置的沙发将小客厅的使用面积得以充分利用，同时也可以容纳更多人使用；地毯、抱枕的点缀让居室舒适度得到提升。

5.蓝色元素的运用在配色常规的居室中是点睛之笔，蓝色不仅可以提升整体配色层次，还可以活跃空间氛围，十分符合日式居室追求悠闲自得的境界。

6.未经修饰的木质面板保留了木材本色与纹理，与隐形门完美契合，体现了设计的用心。

定制家具，让小空间布置更具有合理性

1

2

量身定做的家具能够提升整个小空间使用的舒适度。根据户型结构对家具进行量身定制，不仅可以缓解户型结构的缺陷，让小空间的家具搭配更有整体感，量身定制的特性也保证了家具搭配的合理性。定制家具时，可以考虑将门、窗等元素与家具的设计相结合，让小空间看起来更加完整。

3

小家精心布置之处

1.小客厅的整体色彩搭配简单却很有层次感，浅色的背景色放大了空间，布艺元素的深浅搭配层次丰富合理，让小客厅整体给人的感觉活泼整洁。

2.三座小沙发搭配一张简单的小茶几，保障了小客厅的待客需求；简单的素色墙漆没有复杂的装饰，清清爽爽日式风十足。

3.利用定制家具在客厅一角打造出一个小书房，柜子的整体选择白色，百搭、耐看。

小家精心布置之处

1.电视墙设计成收纳柜并与飘窗相连，增添了收纳空间，还实现了观影区与休闲区的自由转换。

2.黑色边框的玻璃推拉门，通透的视感将自然光引入走廊，减少空间的闭塞感与压迫感。

3.沙发、茶几的设计线条十分简洁，在视觉上达到为空间瘦身的效果。

让棉麻布艺沙发成为客厅主角

棉麻布艺沙发在视觉上给人一种柔软、素朴、温暖的感觉。沙发的造型不需要多么烦琐别致，简单的线条施以最自然的颜色，就能成为小客厅中的绝对主角。

小家精心布置之处

1.格子图案的抱枕与沙发形成深浅对比，丰富了软装搭配的层次感，在功能上提升了沙发的舒适度。

2.砖体粗糙的饰面在射灯的照射下质感更加突出，为空间带入一份粗犷的原始美。

3.白色作为背景色同时搭配了一些高明度低饱和度的冷色进行搭配，使整个客厅呈现的视觉效果清爽、明快，大量布艺元素的运用，突显出日式风格居室温馨舒适的格调。

亮点 Bright points

推拉门

刷白处理的门板与玻璃的组合，简约感十足，与日式风格的配色基调十分吻合。

4

亮点 Bright points

布艺沙发

棉麻材质的沙发很能体现日式风格亲近自然的基调。

5

4.客厅与其他空间的间隔设计成推拉门，依靠它的灵活性来增强空间的实用性，玻璃与木材组成的门板，美观大方，还具有一定的通透性，不会让小空间产生局促感或闭塞感。

5.简单的收纳格子，用来放置一些日常读物和精美的小摆件，打造出一个内容丰富的休闲角落。

5 日式 <风格
客厅的收纳规划

层次丰富的格子，让收纳更具美观性

可移动柜体的辅助收纳

杂而不乱的收纳规划，让客厅化身日式杂货铺

混合式收纳，使小客厅更显整洁

亮点 Bright points

收纳层架
成品收纳架在小户型居室中的使用率很高，灵活可移动，收纳功能强大，简单的外形也会让小空间显得更有序。

亮点 Bright points

用书籍装扮空间
将电视墙设计成用于收纳书籍的格子，丰富的藏书也点缀了生活。

亮点 Bright points

封闭收纳柜
收纳系统中局部采用封闭式设计，这样的设计不仅可以收纳一些易碎物品，还可以使空间看起来更整洁。

17

层次丰富的格子，让收纳更具美观性

层次丰富的收纳格子，永远是保证房间有序收纳的秘密武器。在日式风格的居室内，由于房屋面积有限，墙面被充分利用起来，在房间空白墙面打造一些开放式的收纳格子，将书籍、日用品或一些心爱的小物件陈列其中，轻松将小家打造成日式杂货铺。

小家精心布置之处

1.壁纸的图案充满现代感，弱化了深灰色与白色的对比，使待客区充满自然、温馨和时尚感。

2.电视墙上的搁板设计得十分精致，原木色的小收纳格除了可以摆放书籍还能摆放一些饰品，既美观又实用。

3.地毯选择高级灰色的配色，不仅提升了地面触感的舒适度，还使居室的配色更有高级感。

18 可移动柜体的辅助收纳

若不想改变房间布局，又想增加居室内的收纳空间，可以考虑在沙发一侧或是餐桌与沙发之间放置一个可移动的柜子，这样的布置可以使柜子承担起客厅与餐厅两个区域的收纳工作，一举两得。柜子的灵活性与可移动性，也为日后房间布局的改变预留了更多的可能性。

小家精心布置之处

1.开放式的小居室中，舍弃了一切间隔的设定，装饰材料也十分简单，没有太过花哨的装饰，让小居室简单耐看。

2.客厅与小书房之间用一个小型边柜作为空间界定，简化了室内的结构布局，不会给人造成视觉压迫感。

3.客厅与卧室之间的折叠门设计十分独特，简洁高挑的门板造型饶有趣味。

亮点 Bright points

日式仓谷门

简单大气的外形，增添了室内的利落美感。

亮点 Bright points

装饰画

装饰画给日式风格的小居室带来混搭之感。

4.客厅的一侧墙面选择浅绿色与白色来装饰，视觉效果明快又清新。

19

杂而不乱的收纳规划，让客厅化身日式杂货铺

蒲团
蒲团增添了室内的禅意，也体现了主人的生活品位。

<1

<2

最舒服的收纳就是在视觉上呈现出干净、整洁之感。最推荐的做法是选用封闭式与开放式结合的收纳柜，将一些能使视感产生混乱的物品或是不经常使用的物品收纳在封闭的柜体中，而一些颜值与使用率很高的物品则可以摆放在开放式的层板上，这些物品的摆放可以根据颜色、形状、类别或使用频率进行归类，让收纳工作杂而不乱，舒适度更佳。

小家精心布置之处

1.低饱和度的配色让客厅给人的感觉宁静、安逸；天然藤编蒲团给人素雅清新之感，是营造舒适和风氛围的不二之选。

2.用木质边框的玻璃折叠门代替实墙，将客厅与书房完美划分，创造了开阔的空间感，又让两个不同的空间更加独立。

丰富的书籍

书籍永远是室内最好的装饰元素，能使空间装饰效果变得更加丰富。

仓谷门

厨房的门设计成仓谷门，原木材质的门板看起来十分自然。

3.客厅与餐厅之间通过顶面的设计来强化空间区域，地面则选择了同一种材质进行装饰，删繁就简的设计手法让开放式格局看起来更加敞亮。

4.糖果色的休闲椅让空间的色彩层次更加丰富，可爱的造型让简约的空间氛围有了一份活跃感。

5.电视墙采用的收纳格子，让简单的墙面设计层次更丰富，丰富的藏书点缀出空间文化气息浓郁的氛围。

<1

小家精心布置之处

1.木质家具的纹理细腻精致，传达出日式居室自然、朴实的韵味；地面搭配了一张大块绒毛地毯，柔软的质感让客厅倍显温暖。

2.电视墙利用开放式层板与封闭的柜子，让更多物品可以按需收纳其中，展现出丰富的层次感与艺术感。

<2

<3

3.装饰画增添了沙发墙配色的层次感，让同色系的沙发与墙面不显单调，还能与边柜的黑色形成呼应，巧妙而富于艺术感。

第 2 章

餐 厅

1 日式 < 风格
餐厅的布局规划

倚墙而设的餐桌，让小屋动线更明朗

家具的布置应迎合空间结构特点

摒除间隔，让餐厨共处更自在

亮点 Bright points

餐桌椅

木质餐桌与铁艺餐厅的组合，因餐厅颜色的选择使整个空间看起来很是清爽自然。

亮点 Bright points

格栅

用半通透的格栅井划分餐厅与客厅，避免了小餐厅的闭塞感。

亮点 Bright points

白墙

白墙在日式风格居室中是一种必然的存在，留白的艺术由此可见一斑。

21 倚墙而设的餐桌，让小屋动线更明朗

小家精心布置之处

1.玄关与餐厅之间利用不同颜色的墙面来界定空间，并与家具等软装元素相搭配，让整个空间色彩与线条的搭配更和谐。

2.利用半通透的木质隔断将餐厅与客厅分开，隔断丰富的造型展现出迷人的现代艺术感。

3.地面整体采用地砖进行装饰，通透的材质，让空间更显敞亮、明朗。

小餐厅中，将餐桌依墙而设，能够保障小空间的动线流畅，餐桌的大小通常不会超过整个用餐区面积的1/3，这样的搭配比例，能够使空间整体规划更有美感与协调感，也能在视觉上弱化小居室的紧凑感。

22

家具的布置应迎合空间结构特点

小家精心布置之处

1.餐桌椅的设计造型简洁大方，流畅的外形、圆润的修边展现出日式家具的精致。

2.书房与餐厅之间利用推拉门作为间隔，节省空间，是日式居室的经典设计方式。

3.书房拥有非常好的采光，利用百叶帘来调节光线，让书房光线柔和又温馨。

房间的结构布局与家具布置的完美融合，是保证空间舒适度的首要前提。家具的布置应该迎合空间结构布局的特点，两者相互融合，提升空间的舒适度与协调度。

4.餐厅中吊灯的款式简约又不失设计感，暖色的灯光是营造日式餐厅温馨氛围的不二之选。

5.走廊的一侧墙面整墙规划成收纳柜，为小居室带来了更多的储物空间，淡绿色的柜门，让室内的配色更有自然感。

6.餐厅一角依照室内的结构特点打造的小吧台，是居家休闲的好选择。

7.木饰面板与石膏板组合装饰的餐厅吊顶，层次丰富；木饰面板的颜色虽然很浅，但通过白色的中和，并不会产生压抑感。

亮点 Bright points

白色百叶

日式风格室内的百叶帘以白色为最佳，因其不会破坏室内整体清新的氛围。

<1

小家精心布置之处

1.黑色边框的玻璃推拉门实现了餐厅的独立，又可以将餐厅的光线引入书房，兼顾了两个空间的舒适度。

摒除间隔，让餐厨共处更自在

餐厅与厨房相连的情况下，可以考虑摒除两个区域的间隔，这样能避免间隔出两个拥挤的小空间，开放式的布局让人看起来更加宽敞、明亮。如果非要将餐厨划分，可以通过一组收纳柜或是矮吧台来实现，柜体与吧台不仅能划分区域，也承担了两个空间的收纳工作。

2.吊灯是餐厅装饰的一个亮点，造型简洁，层次却很丰富，暖黄色灯光里点缀了一点蓝色，呈现出的光影层次十分丰富、迷人。

<2

3.餐厅中大量地运用了木质元素，充分利用了木材自然的纹理打造出不俗的视感，轻盈的细腿家具是北欧家具的代表，用在日式风格的餐厅中，同样美感十足。

4.餐桌上随意点缀的鲜果、花卉等自然元素，为简约的空间带来了烟火气息，生活氛围满满。

2 日式 < 风格

餐厅的色彩搭配

软装元素色色彩点缀，提升空间美感

让用餐更舒适的白墙与暖光

低饱和度的色彩运用

黑白色组合也可以用在日式餐厅中

对比色的运用，活跃整体用餐氛围

亮点 Bright points

吊灯

吊灯的设计充满后现代的复古美感，强烈的线条感，成为餐厅中最亮眼的装饰元素。

亮点 Bright points

绿色乳胶漆

墙面选用淡淡的绿色乳胶漆作为装饰，简简单单，没有任何复杂的装饰，清爽宜人。

亮点 Bright points

绿植

植物永远是增添空间自然气息的不二之选。

小家精心布置之处

1.餐厅的设计尽显日式风格的简洁与淡雅，配色上以白色和原木色为主，大面积的白色无形中放大了整体的视觉效果，让小餐厅看起来更加宽敞、明亮。

2.餐边柜镶嵌的玻璃面，让简单的白色柜体看起来更有层次，搭配一些精致的饰品，装饰效果更加丰富。

3.餐厅与客厅之间用收纳柜来代替一部分墙体，没有实墙的冷硬感，还为小空间创造出更多的收纳空间。

餐厅装修后期的花艺、挂画、饰品摆件等软装元素的颜色可以选择绿色、灰色、咖啡色这些低饱和度的颜色进行点缀，这样既不会破坏日式风格居室整体的自然色感，还能提升整个餐厅的色彩层次，美化用餐环境，提升空间美感。

室内空间的配色按照色彩所占面积和重要度可分为背景色、主体色和点缀色。在日式风格的居室内，背景色多为白色，适用于天花板、墙面或地面，在室内占据较大的面积，起到奠定空间基本风格和色彩印象的作用，此种配色手法也被称为留白，适度的留白让居室舍弃了多余的装饰负担，整体印象更加简洁。

小家精心布置之处

1.空间整体以白色为主，奠定了空间的日式极简格调，几处深色的点缀，让整体空间配色看起来线条感更强，弱化了白色的单调。

2.走廊的设计延续了餐厅、客厅两个区域的简约格调，让小走廊看起来并不显得紧凑。

3.餐厅中一顶造型简洁大方的吊灯，为用餐环境提供了充足的照明，磨砂的灯罩让光线更暖，整体氛围温馨明亮。

4.悬空式设计的收纳柜，视感很轻盈，简洁大方的设计造型，利落感十足。

5.开放式的空间里，只有玄关与餐厅之间设有间隔，这使得用餐环境更安宁、舒适；餐桌上装饰了一株禅意十足的日式插花，为配色简单的空间增添了无限的趣味与生机。

<1

日式风格居室的配色总会给人带来“冷淡”之感，很大程度上是由于色调的统一。其中白色、原木色或米色为常用色，大面积的白色可以让小空间看上去比较宽敞，起放大视觉的效果。在餐厅中，木色主要来源于餐桌或地板，它们保留了原木的色彩和纹理，所以整体配色上呈现出低饱和度的状态，而日式风格的点缀色也略显保守，少有大红大紫的高饱和度色彩，通常是以一些简单的绿植、花艺作为色彩点缀，以彰显清新、文艺、自然的风格特点。

小家精心布置之处

1.花艺、饰品等是提升室内色彩层次的最佳选择，也是小餐厅中不可或缺的装饰元素。

2.做旧的木质餐桌，增强了餐厅自然质朴的视觉效果。

<2

27 黑白色组合也可以用在日式餐厅中

小家精心布置之处

1.黑色金属灯罩搭配暖黄色灯光，色彩的彼此调和，让餐厅散发着独特的魅力，一株可爱的绿植更是带入了无与伦比的自然气息。

亮点 Bright points

玻璃推拉门

黑色边框让玻璃推拉门看起来也更有层次。

2.以白色为背景色的餐厅，给人的第一印象是整洁、干净，适当地融入了一些黑色，让日式风格的居室内有了时尚感，木色作为调和色是不可或缺的，可以让黑白对比不再显得强烈刺眼。

亮点 Bright points

茶具

茶道在日式生活中的地位很高，也是装点禅意生活的不二之选。

对比色的运用，活跃整体用餐氛围

日式风格居室内的对比色主要来自于白色，因为白色可与任何一种颜色形成对比色。如白色与木色，给人的色感洁净而温暖；白色与蓝色，呈现灵动的视觉效果；白色与绿色，整洁而清爽的配色；白色与灰色，弱化的对比色呈现日式居室无拘的随性感。

小家精心布置之处

1.圆形餐桌比方形餐桌看起来更显活泼，没有了方方正正的规矩感，与空间的融合度更高。

2.白砖与用棕红色的木饰面板装饰的墙面相搭配，提升了空间背景色的色彩层次；棕红色的木饰面板视感温润，更显日式风格朴素、雅致的基调。

1

亮点 Bright points

地毯

几何图案的地毯，简洁大方，混纺材质也容易打理。

2

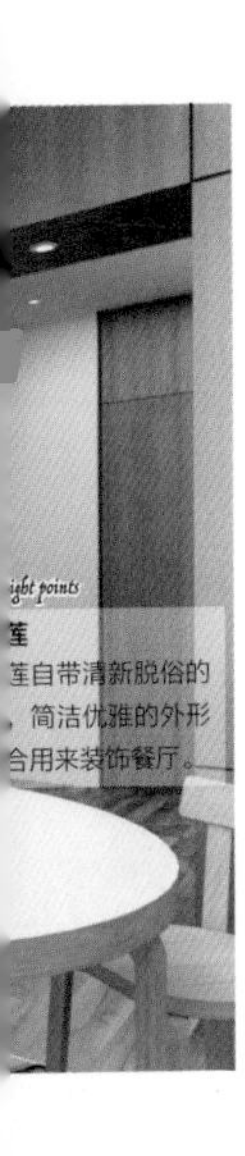

3.简洁的白色墙面，没有复杂的装饰，看起来更加干净、清爽。

4.镜面的运用，大大增强了空间的扩张感，让色彩氛围活跃的空间看起来更有层次感；色彩明快的仓谷门与镜面的搭配非常具有创意，成为空间的视觉焦点。

3 日式 < 风格 餐厅的材料应用

白漆，尽显日式的极简韵味

实木立柱，让餐厅立刻变得舒适怡人

木地板延续日式居室质朴温馨之感

浅橡木的装饰，使小餐厅更富有自然力量

亮点 Bright points

几何图案壁纸

几何图案用作壁纸，线条感十足，为日式风格居室带来不可或缺的时尚感。

亮点 Bright points

白色乳胶漆

简单的顶面没有任何修饰，素净的白色乳胶漆呈现极简之美。

亮点 Bright points

强化复合木地板

地板的纹理十分丰富，是营造室内自然、质朴之感的关键元素。

29

白漆，尽显日式的极简韵味

小家精心布置之处

1.白色乳胶漆装饰的墙面，简洁、素净，装饰画与白墙融为一体，提升整体美感。

2.室内整体以浅木色地板来装饰地面，加强了开放式空间的整体感。

3.绿植、鲜果等元素点缀出一个自然气息浓郁的小餐厅。

乳胶漆是居家装修中不可多得的装饰材料，其适用于任何一种装修风格。在日式风格的居室内，白色乳胶漆的使用率极高，可以放心地大面积运用，是打造日式风格极简韵味的不二之选。

实木立柱作为居室内的装饰，或方或圆可以根据自己的喜好选择。日式风格居室内的实木装饰立柱宜选用浅色木种，以减少厚重感，迎合自身崇尚自然的装修风格。

小家精心布置之处

1.餐厅与客厅之间没有设立间隔，不仅让餐厅也拥有了充足的自然光，也保证了开放式空间的通透与敞亮。

2.原木材质的餐桌与隔断用了相同的木材，相同材质的搭配增强了餐厅设计的整体感。

3.吊灯的造型颇有新意，利落的线条很有存在感，为简约的空间增添了时尚感。

4.白色墙面上绘制墙画，提升了整个居室的艺术氛围，也让整个空间都洋溢着自由、浪漫的气息。

5.餐厅与书房之间利用木质隔断进行划分，通透的材质让小书房不会显得闭塞，也确保了两个空间的舒适度。

亮点 Bright points

米色玻化砖

亮面材质的地砖，呈现的简洁感十分通透。

地板的材质与颜色影响着整体空间的使用舒适度与视感舒适度。在设计小空间居室时，可以考虑地板与木质家具保持同一色调、同一材质，这样的搭配方式不会使空间产生突兀感，体现设计的整体感与视觉上的延伸性，增添空间的温馨格调，尤其适合在日式风格居室内使用。

小家精心布置之处

1.餐厅兼书房的设计中，整面墙被设计成可用于收纳的柜子，既可以用来藏书，又能收纳一些日常用品，简洁的家具线条不仅在视觉上很有层次感，也突显了日式风格简约的基调。

2.餐椅与长凳的组合运用，可以同时满足多人的入座需求，简洁大方的设计造型兼顾了使用的功能性与设计的美感。

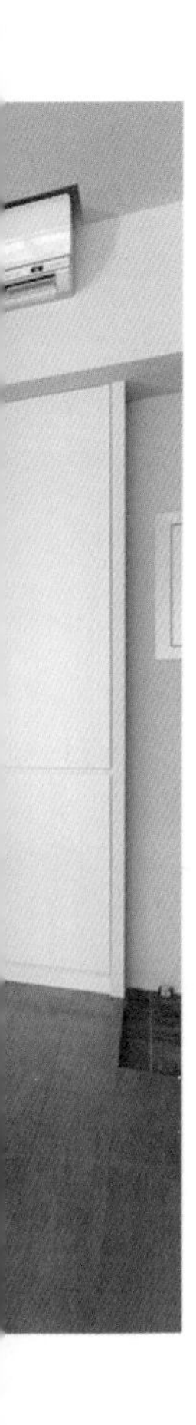

3.餐厅与玄关相连，两个空间利用地面材质的变化来界定空间，因地施材，十分明智。

4.餐桌与电视柜的选材保持一致，沉稳内敛的色调增强了空间的质朴之感，再适当地搭配一些绿植，自然气息更加浓郁。

浅橡木的装饰，使小餐厅更富有自然力量

亮点 Bright points

布艺卷帘

卷帘比平开帘更节省空间，是日式风格居室的最爱。

日式风格居室的装饰设计崇尚去繁留简，其多以纯净的白色乳胶漆作为墙面的主要装饰材料，这样能在视觉上缓解小空间的局促感。同时为避免白色带来的单调感，原木素材的融入显得尤为适宜，其中浅橡木最适合小居室使用，淡淡的木色加上漂亮的纹理，于家具或地板而言都是不错的选择。

小家精心布置之处

1.色调轻浅的木质橱柜搭配同色系的哑光地砖与餐桌的跳色搭配，放大了空间感，使开放式空间的视野更加开阔。

2.沙发卡座的设计运用，让小餐厅能够同时满足多人用餐，是个节省空间、强化功能的好方法。

3.沙发卡座的选色十分高级，为日式风格空间增添时尚感。

4.白墙上装饰着同一颜色的搁板，可根据自己的喜好来点缀一些精美饰品，让小空间的装饰效果更加丰富。

5.小空间整体以白色+木色+灰色为主色调，既有日式风格居室的素净与整洁，又有现代风格居室的高级视感。

4 日式 < 风格 餐厅的家具配饰

浅色家具，减少小空间的压迫感

打破常规的餐桌椅搭配法

简约的吊灯，日式餐厅的不二之选

简洁的直线条家具，营造舒适感

亮点 Bright points

实木餐椅

带有一点中式家具设计感的实木椅子，线条简洁流畅，结实耐用。

亮点 Bright points

吊灯

黑框玻璃材质的吊灯，其精致的工艺，为餐厅带入现代时尚感。

亮点 Bright points

实木餐桌

做旧处理的实木餐桌，以直线条为主，没有复杂的装饰，实用性更强。

33 浅色家具，减少小空间的压迫感

亮点 Bright points

浅木色地板

浅木色地板自带文艺属性，是多数日式风格居室的首选材料。

浅色系的家具和原木色的木质家具，能让小空间居室没有压迫感，也使用餐环境变得无限温馨。其中矮桌、矮柜还能兼备隔断和收纳的功能。

小家精心布置之处

1.实木餐桌未经修饰，清晰的木材纹理，坚实的造型，非常符合日式风格家具自然、质朴的特点。

2.餐厅的一侧墙面设计成双色收纳柜，直线条的设计简洁利落，用来摆放一些生活用品或饰品都是餐厅中不错的装饰元素。

3.原木色的餐椅与格子图案的布艺饰面相结合，极具日式风格的文艺气息。

34 打破常规的餐桌椅搭配法

1

餐厅中餐桌、餐椅的常规搭配会让空间略显单调与沉闷，想要有所突破，可以混搭进不同造型的椅子，或者是选用造型新颖别致的餐桌椅，让餐厅的搭配呈现出不一样的美感。

小家精心布置之处

1.白色乳胶漆与木材搭配出清爽、自然的色调，让日系空间透露着一股自然淳朴的气息，整体空间的面积不大，木色与白色的组合，使空间看起来足够温馨、舒适。

2.餐桌的设计采用了简单大方的直线条，给人的感觉轻盈利落，白色饰面也使小餐厅看起来更加干净、整洁。

2

3.餐边柜依照房屋结构特点进行定制，既节省空间，还有较强的整体感，内嵌式的灯带提升了柜子的美感。

4.餐厅的设计延续了客厅的简洁与大气，轻盈的配色与简约的设计突显了餐厅、客厅两个空间搭配的整体感，给人的感觉十分舒适、和谐。

35

简约的吊灯，日式餐厅的不二之选

日式餐厅在灯光的搭配设计上善用自然的采光，或造型简约的吊灯来营造温馨氛围。吊灯的造型不宜过于华丽、复杂，灯光氛围以亮色或暖色为主调。在原木色的餐桌上方，设置一顶质感轻盈的吊灯，在开启的一瞬间便能让人从浮躁的情绪中回归宁静，营造出一个安逸、舒适的用餐空间。

<2

<1

小家精心布置之处

1.不设任何间隔的客餐厅，看起来更加宽敞明亮。

2.原木茶几质感浑厚，温润的木色与周围环境完美融合，为细腻的和风居室带入原始、淳朴的自然美。

3.厨房与餐厅之间采用中岛台进行划分，既不会破坏空间感，又能形成隔而不断的效果。

亮点 Bright points

黑铁吊灯

简洁大气、线条干净利落，用来作为居室内的辅助照明，功能性与装饰性都不错。

4.餐厅与客厅的划分利用了墙面的颜色变化，空间感十足，色彩的变化自然和谐。

36

简洁的直线条家具，营造舒适感

小家精心布置之处

1.极简风的餐厅中没有过于复杂的装饰，家具、灯饰、花艺等搭配在一起，质朴而和谐，简约又大方。

亮点 Bright points

利落的线条与镜面

木线条与镜面组合，线条感很强，给人的感觉十分利落、明快。

日式极简风的营造来源于减少复杂的装饰元素以及降低家具存在感的装饰效果，在保证实用美观的同时，不占据视觉空间。日系小餐厅的家具选择应尽量讲究一种视觉上的轻盈感，宜选择形态简洁，以直线条为主，装饰极少的家具。

2.木色+黑色+绿色组成的餐桌椅，丰富了空间的色彩层次，是餐厅中的绝对主角，结合大面积的浅色，整体给人的感觉自然、舒适。

小家精心布置之处

1.以浅木色为背景色的餐厅，给人的感觉温馨舒适，餐桌椅的颜色较深，与背景色形成深浅对比，明确了空间颜色的主题；暖色灯光显得不可或缺，是营造愉悦氛围的不二之选。

2.餐厅与客厅相对而立，没有间隔却保持各自独立，在小件家具的选择上有着若隐若现的呼应之感，体现搭配的整体性与用心，将日式传统美学的魅力展现得非常到位。

3.钢化玻璃的运用，让空间小走廊没有了紧凑感与压抑感，反而给人的感觉更加宽敞、透亮。

5 日式 < 风格
餐厅的收纳规划

最受欢迎的创意隔板

简约的置物架，增添餐厅的闲情逸致

快捷便利为先的收纳设计

亮点 Bright points

收纳格子
木质格子整整齐齐的设计方式，让收纳也更加理想化。

亮点 Bright points

收纳柜
方方正正的收纳柜，让收纳更加有序，实现了整整齐齐的舒适感。

亮点 Bright points

雏菊
清新感十足的小雏菊经济实惠好打理，是点缀餐厅自然气息的法宝。

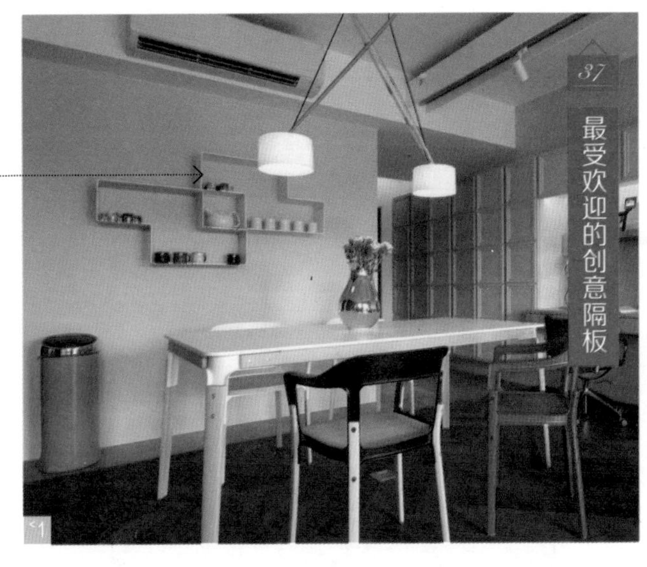

亮点 Bright points

收纳层架与小杂货

几何造型的搁板，不仅提升了墙面装饰的美感，其中摆放的小物件也能让人感受到家的生活气息。

小家精心布置之处

1.作为餐厅的绝对主角，餐桌椅的颜色选择是整个居室的亮点，黑、白、红的装饰处理，让整体空间都散发着活泼、自由的气息。

2.空间整体给人的感觉非常清爽活泼，墙面的搁板造型别致，颜色清新；餐厅与书房相连，水蓝色的书柜成为餐厅的最佳背景；暖暖的灯光搭配精美的花艺，在这种氛围下用餐幸福感不言而喻。

在小餐厅的空白墙面，设计一组创意十足的搁板来承担用餐区的收纳工作，可提升空间美感与舒适度。搁板上可以用来放置日常喝水的杯子、茶壶，也可以摆放一些自己喜爱的小物件，丰富用餐环境，还可以释放餐桌的覆盖率，让小餐厅看起来更加整洁。

亮点 Bright points

收纳格子

收纳格子的柜门颜色十分清爽，趣味性十足。

简约的置物架，增添餐厅的闲情逸致

造型简约的置物架，线条流畅，可以自由组合，随意扩张。置物架上的布置变化，可以根据季节、心情随意更换，既可以用来陈列自己珍视的藏品、餐具及杂货，还可以用来摆放一些书籍，使单调的用餐空间也能多出一份闲情逸致。

小家精心布置之处

1.定制的餐边柜有着强大的收纳空间，简单大方的格子呈现的层次十分丰富。

2.干净整洁的空间用绿植来装饰出清新淡雅的自然气息。

3.客厅一角家具的线条简单，特殊的选材给人的感觉大气而精致。

4.浅暖色抛光砖装饰的地面，让整个空间显得格外整洁、通透，淡淡的暖色柔化了整体氛围。

5.厨房选择L形操作台，白色的橱柜搭配暖色的灯光，更显温馨，餐厅与厨房之间利用一个小吧台进行划分，使整个空间显得开阔。

小家精心布置之处

1.用隔断代替了玻璃推拉门或实墙，使得整个空间明亮通透且又让两个空间能够各自恰如其分地独立，还增加了室内的收纳空间，是一种兼具实用性和美感的设计手法。

2.餐桌的左侧是厨房，两个区域之间用吧台作为间隔，美观实用，样式也非常简约大方。

3.深胡桃木的餐桌，看起来很有质感，搭配两株绿植，净化空间、美化环境，自然气息满满。

第 3 章

卧 室

巧用飘窗，规划一个安逸角落

沿墙规划家具布局，减少压迫感

一体化的房间布局，满足居住者的更多需求

亮点 Bright points

实木地板

地板给人的感觉十分朴素、自然。

亮点 Bright points

平面石膏板

顶面利用了石膏板的错层处理，来区分空间，巧妙且不会使小空间产生凌乱、琐碎之感。

亮点 Bright points

乳胶漆

乳胶漆装饰的墙面质感十分细腻，清爽的色彩，让卧室宁静氛围更突出。

小家精心布置之处

1.低饱和度的色彩让卧室的整体氛围安宁舒适，充满自然元素的装饰画点缀出更清新的氛围。

2.百叶帘搭配落地窗，美感十足又能保证空间拥有更加舒适的光线。

3.木饰面板与暖色灯光组合在一起，让休闲角给人的感觉更加温暖安逸。

11 沿墙规划家具布局，减少压迫感

小家精心布置之处

1.卧室的床头墙被设计成用于收纳物品的柜子，简洁大方的外形搭配白色的饰面，并不会给人带来任何压迫感。

亮点 Bright points

绿色休闲椅

一只可爱的小椅子放置在卧室的一角，后面是白色的窗纱，飘逸清爽的氛围让人心情愉悦。

2.灯带的运用不仅丰富了卧室内的光影层次，暖暖的光线还弱化了白色的单调，使整墙的柜体看起来更显简洁、明快。

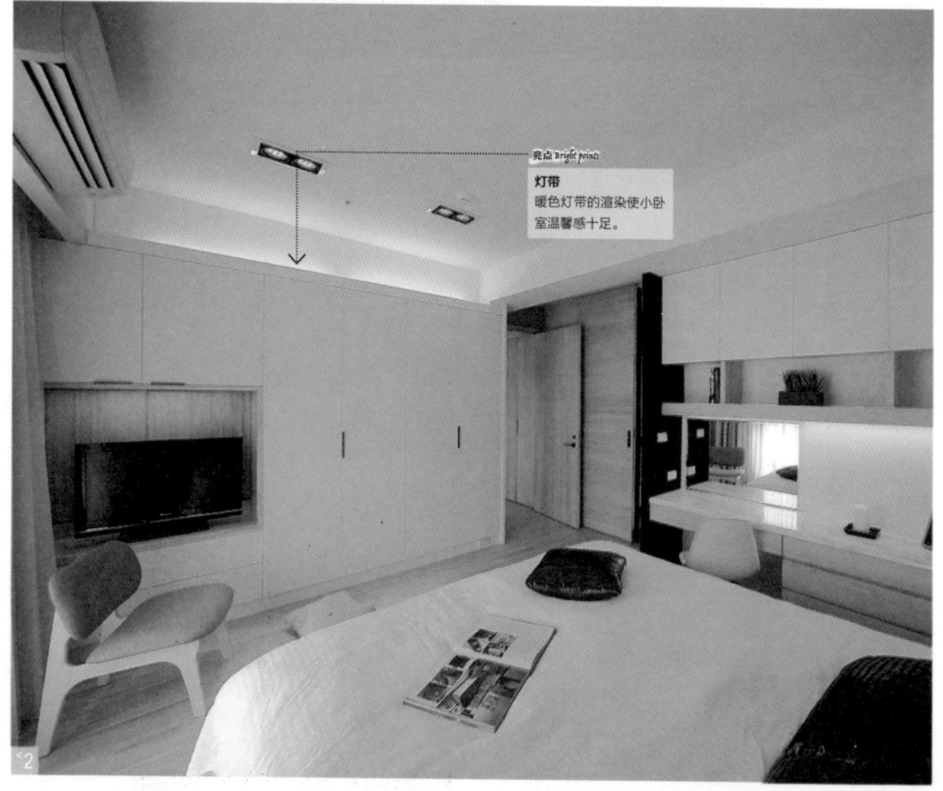

小家精心布置之处

1.床与书桌、飘窗相连的设计，为小空间节省了不少使用面积，靠墙摆放的家具保证了室内动线的流畅性，也让空间的功能更加完善。

亮点 Bright points

箱式床

利用床下空间进行收纳，是小居室必备的设计技巧。

<1

2.利用结构特点，在卧室打造出用于收纳的柜子和学习的书桌，使卧室整体呈现在人们面前的切面很整齐，这种巧妙的规划大大提升了空间的舒适度。

亮点 Bright points

背景墙

淡淡的蓝色背景墙，有助睡眠。

<2

12 一体化的房间布局，满足居住者的更多需求

亮点 Bright points

乒乓菊

圆圆的花朵，十分可爱，让用餐者的心情更加愉悦。

小家精心布置之处

1.背景墙仅采用了壁纸作为装饰，灯带的运用突显壁纸的质感，营造出简约精致的生活氛围。

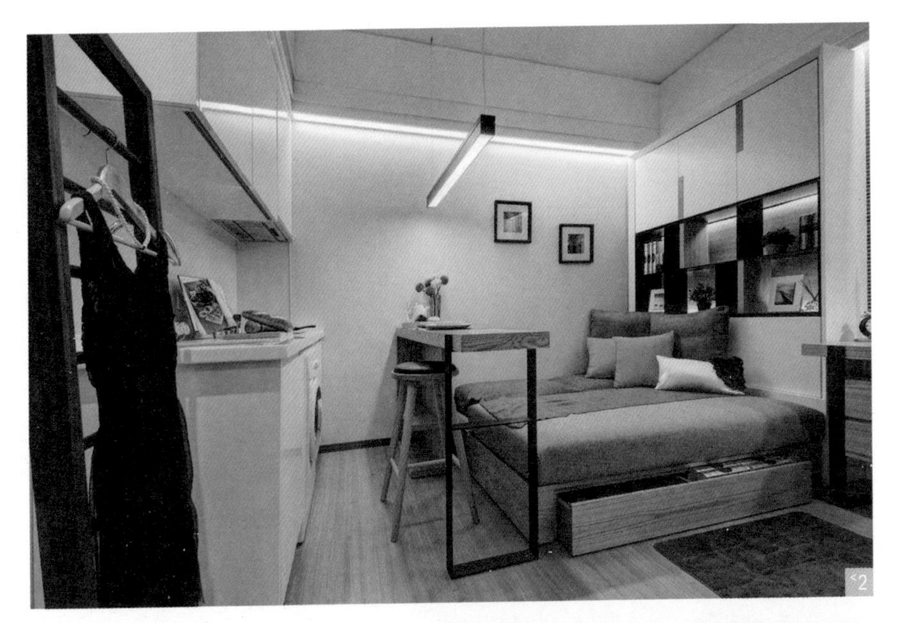

2.吧台的设立可以作为餐桌、书桌以满足不同的需求，同时还是小厨房与卧室之间的间隔，一物多用，最大化利用空间。

3.一字形的橱柜布局，创造出足够的烹饪空间，整墙的柜体也保证了收纳储物空间的充足。

亮点 Bright points

多功能吧台

木质吧台的纹理很清晰，天然的选材为紧凑的小居室带入了不可或缺的自然气息。

2 日式<风格 卧室的色彩搭配

低饱和度冷色点缀出日系治愈感

富有层次的茶色系，慵懒舒适

灰色调让小卧室更有高级感

白色+原木色+绿色，演绎日系经典配色

白色与灰色呈现出日系配色的冷淡与理智

亮点 Bright points

床品

黑白色调条纹的布艺床品，视感明快，现代感十足。

亮点 Bright points

低饱和度色彩乳胶漆

在日式风格居室内为突显质朴、雅致的品位，墙面乳胶漆的颜色可以选择低饱和度的色彩。

亮点 Bright points

彩色床品

布艺床品的颜色可以活泼亮丽一些，这样可以使生活氛围更加甜美幸福。

低饱和度冷色点缀出日系治愈感

小家精心布置之处

1.卧室整体以低饱和度的浅色为主色，曼妙而轻薄的白纱将强光过滤得更加柔和，使居室洋溢着一派安逸祥和的氛围。

选用冷色点缀日式风格的卧室，可以适当地降低冷色的饱和度，完成日式风格居室追求文艺气息、崇尚自然清新的格调，使整个卧室散发着日式淡雅和谐的治愈感。一般日式风格的卧室中，会有或多或少的留白处理，为了缓解与白色形成的强烈对比，降低色彩的饱和度是一种最简单、最有效的做法。

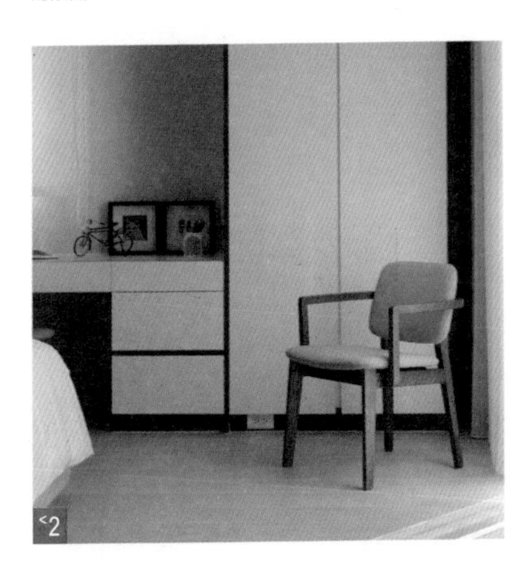

2.一点蓝色的点缀，增添了室内的清爽视感，整体色彩氛围也更显活泼。

3.水粉画的取材源于花草，姿态舒展，呈现的意境也更加自然，与日式家居所追求的悠闲自得的生活意境完美契合。

小家精心布置之处

1.卧室没有复杂的设计，延续了日式风格低纯度的配色方式，利用白色仓谷门将衣帽间与睡眠区分开，在不占据视线的前提下实现空间独立，营造出舒适干净的睡眠氛围。

2.床品的选色淡雅柔和，有助睡眠。

3.椅子的造型简约别致，增加了空间装饰效果的质感。

充满和风氛围的卧室中，以茶色为中心，再适当地搭配一些白色或驼色，利用空间内各种层次的茶色，使整体视觉风格更加统一，浅色系的温暖总能给人带来慵懒、舒适之感，十分适合用于卧室。即使是窗帘、抱枕、画品等元素，带有一些丰富的色彩，也不会破坏卧室整体的色彩格调。

45 灰色调让小卧室更有高级感

小家精心布置之处

1.为了满足居住需求，书桌设立在床头，也没有再添置其他家具，在节省空间的前提下满足了使用需求。

2.由暖黄色乳胶漆装饰的墙面，搭配原木色，整体空间更显温馨，偌大的窗户将更多的自然光引入室内，保证采光良好。

3.书桌的设计一直延伸到入门处，与衣柜保持相连，既节省了不少空间，又可以为小卧室创造更多的收纳空间。

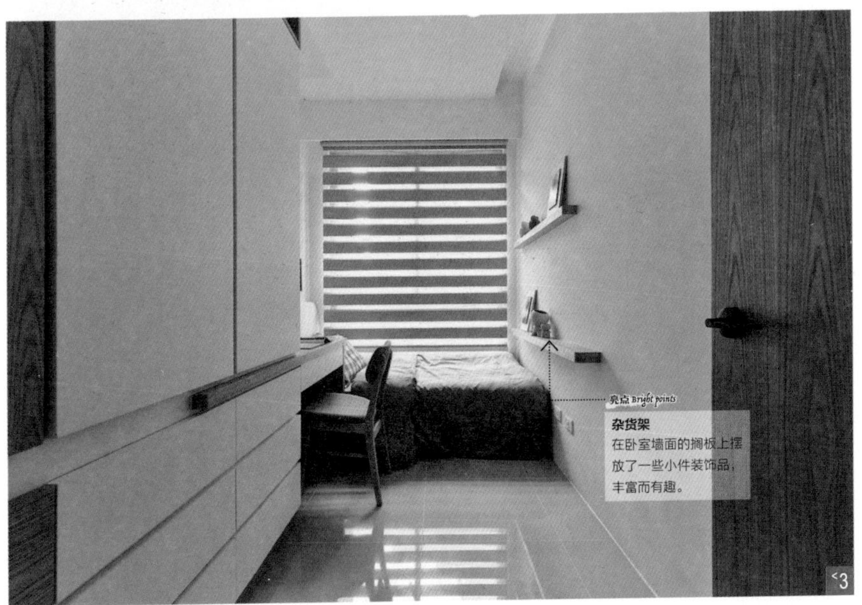

46

白色+原木色+绿色，演绎日系经典配色

小家精心布置之处

1.卧室的设计亮点在于床头墙的木饰面板，造型简约别致，未经修饰的饰面看起来更有自然韵味，清晰的纹理不需要任何复杂的装饰便能增加空间装饰效果的质感。

2.收纳柜的线条简单干练，光滑的饰面让日常清洁变得更加轻松。

3.软包床的造型简约，选色十分自然，搭配原木饰面板，呈现的视觉效果清爽宜人，使得整个空间充满大自然的气息。

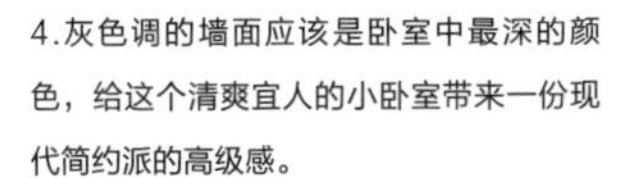

4.灰色调的墙面应该是卧室中最深的颜色，给这个清爽宜人的小卧室带来一份现代简约派的高级感。

浅灰色、亮灰色、灰泥色、天空灰色以及浅灰蓝色等浅色调的灰色更适合被运用在日系风格的卧室中，通过不同层次的白色辅以调和搭配，使居室呈现出冷淡、雅致之感，因此这种配色方式更加适用于男性房间。

小家精心布置之处

1.以白色与浅灰色为背景色的卧室，呈现给人的视感时尚中不乏雅致，深色线条及家具的运用，让配色层次更加分明。

2.床头墙面没有空置，而是运用了简单的搁板作为装饰，放上几本自己喜爱的读物或小物件都是不错的选择。

3.在卧室的入门处整墙规划了衣橱，电视柜也巧妙地被隐藏其中，这不仅节省空间，还体现了设计的别出心裁。

3 日式 < 风格 卧室的材料应用

利用木材装饰墙面，暖意更浓

天然材质的巧用，让和风卧室更显温暖安逸

灵活的木质百叶帘，增添卧室舒适度

浅色硅藻泥装饰墙面，清新又宽敞

亮点 Bright points

床头柜

封闭式的床头柜，美观大方，可以用来收纳一些比较贵重的物品。

亮点 Bright points

乳胶漆

墙面乳胶漆的颜色选择很用心，精致优雅的色调，营造出安逸舒适的睡眠空间。

亮点 Bright points

木质隔板

原木材质的搁板，造型简单，却别有一番朴质之感。

小家精心布置之处

1.卧室中没有复杂的设计，整体延续了日式风的原木色风格，阳台规划的收纳空间，不占据卧室空间，打造出一个拥有舒适采光的睡眠空间。

2.卧室的设计亮点是墙面的饰面板采用的是原木地板，利用地板上墙作为卧室的背景，造型简约别致，与室内家具的契合度很高，增加空间美感。

天然材质的巧用，让和风卧室更显温暖安逸

小家精心布置之处

1.利用结构特点打造衣橱，不仅能拉齐空间的视线，还可以节省空间，创造出更多的收纳空间。

2.用暖帘来调节室内光线，比平开式窗帘更节省空间，也更符合室内的和风气质。

3.阳台与卧室之间采用磨砂玻璃推拉门进行划分，磨砂玻璃的私密性比普通玻璃更好，还不会产生压抑感。

4.床头墙选择了留白处理，不作任何装饰，白墙给人呈现的视感简单、舒适、干净，床头柜上摆放的蜡烛、花艺都成为卧室中不可或缺的装饰元素，打造出一个精致、清爽的睡眠空间。

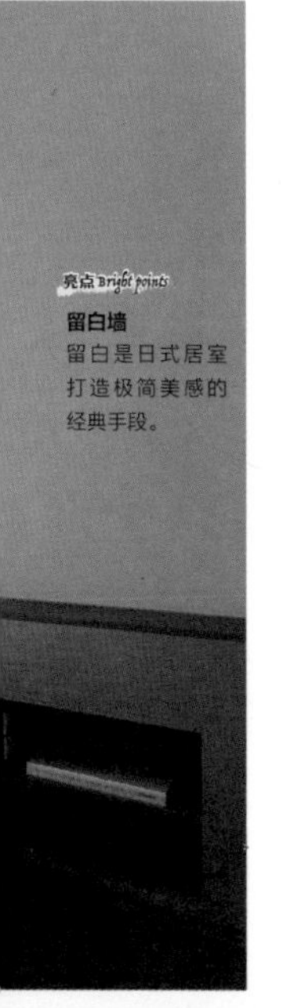

亮点 Bright points

留白墙

留白是日式居室打造极简美感的经典手段。

50 灵活的木质百叶帘，增添卧室舒适度

阳光充足的卧室中，根据日照时间采用百叶窗来进行室内光线调节，灵活多变的百叶让室内的光线更加舒适、自如。日式风格居室的百叶材料通常会选择木质或竹质两种，选材自然、质朴，比起金属材质的百叶，更有温度感，也更符合日式居室的选材特点。

小家精心布置之处

1.室内以大量的白色与木色作为主色，呈现出一派祥和、安逸的空间氛围，在温暖的阳光沐浴下，整间屋子都流露出一股自然淳朴的气息。

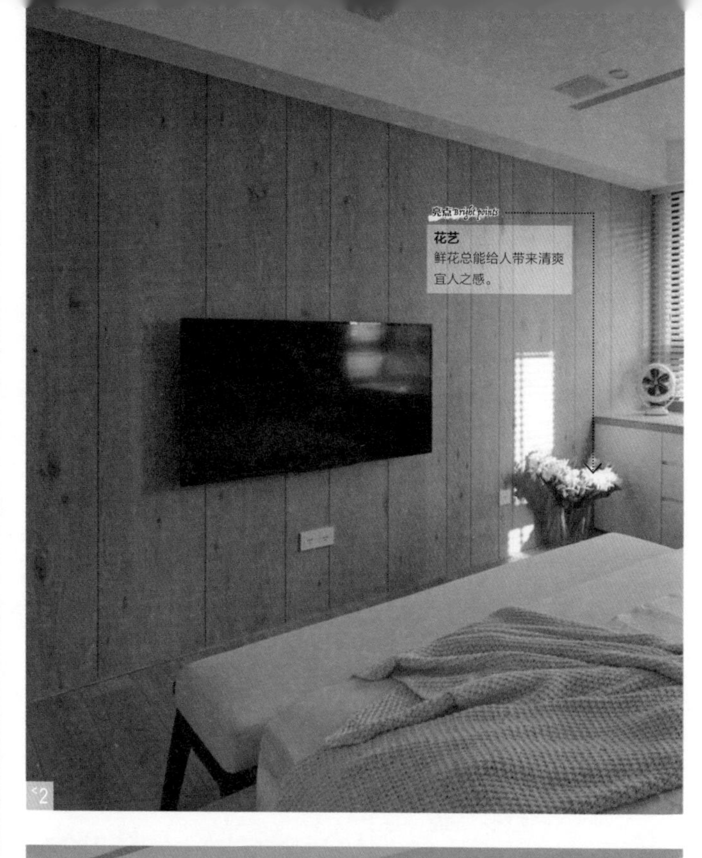

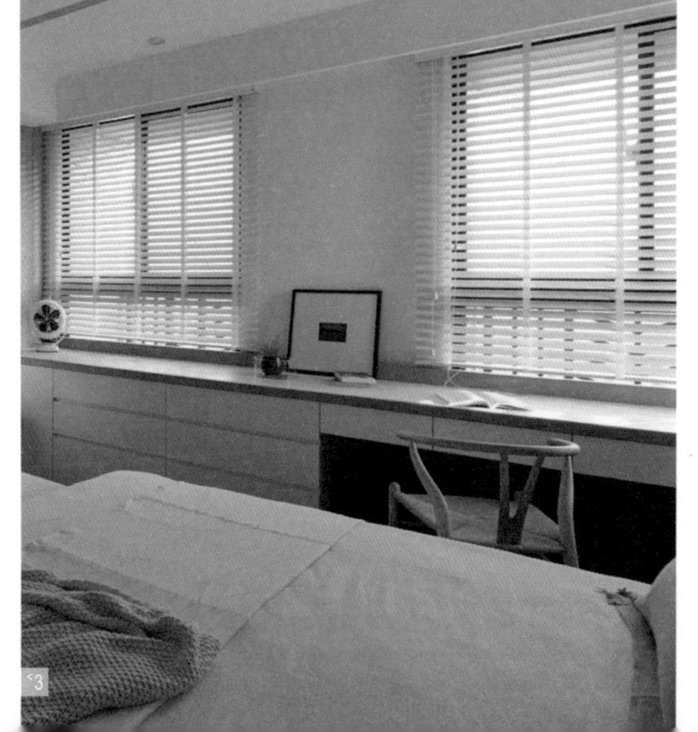

2.用大面积的木饰面板装饰墙面，纯天然的材质强调了日式空间的自然理念。

3.定制的书桌将两个窗户连接在一起，一部分可以用来收纳物品，一部分作为书桌，节省空间、完善室内功能。

51 浅色硅藻泥装饰墙面，清新又宽敞

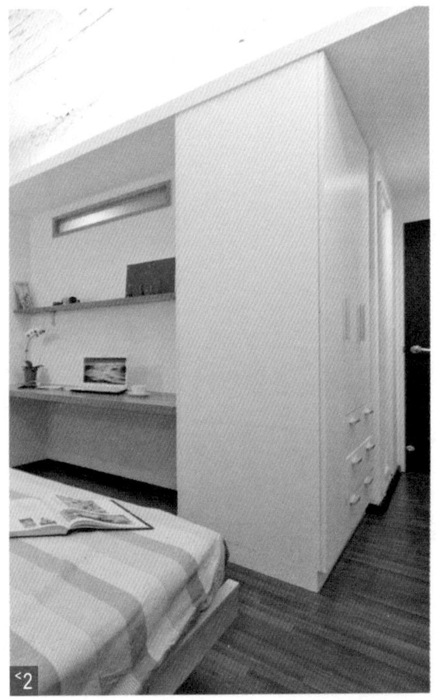

硅藻泥是一种环保性能极高的装饰材料，可以根据不同风格的装饰特点和其使用需求，来选择不同种类或颜色的硅藻泥。日式风格的卧室，采用硅藻泥作为装饰，适合选用稻草硅藻泥和膏状硅藻泥，颜色以白色或浅色为主，以保证室内拥有清新、文艺、宽敞的视感。

小家精心布置之处

1.宽大的搁板为卧室创造出学习、工作的空间，与床头的壁龛相连，拉齐视线，让卧室看起来更加开阔。

2.书桌转角处设立的衣橱，其白色的柜体简洁大方，利落的线条有助于视线上的缩小。

3.曼妙的白纱与豆沙色的布艺窗帘，呈现的视觉效果十分温馨，既延续了室内的简约格调，又能调节光线增添美感，兼具功能性与装饰性。
亮点 Bright points
窗帘
豆沙色窗帘，使整个居室的氛围温柔恬静。
<3

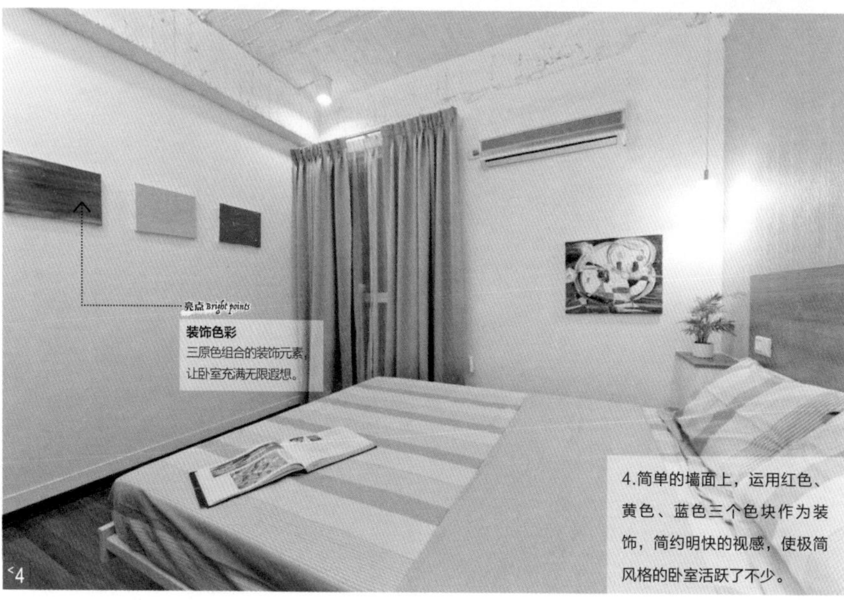
亮点 Bright points
装饰色彩
三原色组合的装饰元素，让卧室充满无限遐想。
4.简单的墙面上，运用红色、黄色、蓝色三个色块作为装饰，简约明快的视感，使极简风格的卧室活跃了不少。
<4

4 日式 <风格 卧室的家具配饰

利用小型家具，增添卧室功能

小房间内，家具与硬装的创意搭配

白色系家具，让小卧室更显清爽

让小房间尽显悠闲自在的自然系布置

亮点 Bright points

平板床
床的设计线条简洁大方，低矮的造型更加节省空间。

亮点 Bright points

石膏板
弧形石膏板是卧室中的装饰亮点，增添室内设计感与时尚感。

亮点 Bright points

地板
木地板的沉稳增添了室内配色的稳重感和质朴感。

小家精心布置之处

1.在卧室的一角摆放一张短沙发和一张书桌、一把椅子，休闲角由此而生，配上曼妙的白纱与充足的阳光，沐浴在阳光下看看书、享用下午茶都是不错的休闲时光。

2.地板与墙面收纳柜的选材保持一致，增添了卧室设计搭配的整体感，适当地点缀一点深色或几株可爱的绿植，都是提升室内色彩层次的有效作法。

在卧室中适当添加一些书桌、单人椅、短沙发等小型家具，可以对卧室功能进行一些填补，在小卧室的角落里为自己打造出一个便于休闲阅读的小角落，也缓解了小户型居室没有独立书房的尴尬。

小房间内，家具与硬装的创意搭配

小家精心布置之处

1.以灰白色为主色的卧室，简约明快，顶面搭配暖色灯带进行修饰，带来无限的暖意与温馨之感。

2.卧室的设计亮点是软包床与墙面的结合，借由温润的木材和柔软的软包造型，让背景墙的冰冷感得以中和，成为室内装饰设计的一道亮丽风景。

3.依墙设计的衣柜简洁利落，白色的柜体也缓解了大面积柜体的体量感。

4.为了合理规划空间，将暖气管隐藏在梳妆台下方，创造出毫无违和感的设计感，美观实用。

亮点 Bright points

床头搁板与饰品

悬空的搁板可以代替床头柜，省去搭配的烦恼，与墙面形成一体，可以用来放置一些喜爱的书籍或摆件，随心所欲的搭配让幸福感增加。

白色系家具，让小卧室更显清爽

经过刷白处理的家具，给人呈现的视感清爽、整洁，家具表面白漆纯度不同，所呈现的视觉效果也不尽相同。纯白色与亮白色漆面给人的感觉简洁、大方；奶白色、米白色、象牙白色漆面则更能表现出日式田园的清爽之感。

小家精心布置之处

1.卧室的整体设计简约实用，白色墙面搭配原木家具，营造了温馨、舒适的睡眠氛围；地面整屋铺设了地毯，高级灰的配色与室内的极简风完美融合，无论是视觉还是触觉都给人极度舒适之感。

2.一张书桌与一把椅子，简单的搭配，就可以在卧室的一角开辟出一个能作为书房之用的小空间；书桌上方安装的搁板，可以用来摆放藏书和一些学习用品。

3.卧室中简洁利落的白色柜体，具有整洁干净的效果，白色的饰面也可以淡化柜子的体量感，百叶门的造型则增添了不容忽视的田园质感。

让小房间尽显悠闲自在的自然系布置

想要营造空间的自然韵味，选择带有自然元素的壁纸、原木地板或饰面板等都可以为居室提供一个自然、素朴的背景环境。后期软装元素的搭配也是不容忽视的，花艺摆件、布艺床品、灯具灯光等不需要有太过亮眼的存在感，低调、淡雅之余让空间的整体格调更显悠闲自在、怡然自得。

小家精心布置之处

1.在空白墙面设计了转角的搁板，精美的插花、心爱的饰品都可以放在上面，是装饰精致生活不可或缺的小细节。

2.墙面装饰了小碎花壁纸，让小卧室洋溢着雅致而温馨的感觉，搭配色彩清爽淡雅的布艺床品，营造出的睡眠空间更加舒适。

1

亮点 Bright points

卷帘

卷帘省空间，用来调节室内光线非常不错。

2

亮点 Bright points

印花壁纸

碎花图案的壁纸搭配白色墙面，简约中带有温馨之感。

3.小卧室中也配备了梳妆台，简单的白色不会占据太多的视线，除了满足日常的梳妆需求外，还可以用来充当床头柜，收纳一些小杂物，让卧室看起来更整洁。

4.卧室右侧整面墙都规划成衣柜，为卧室创造了更多可用于收纳的空间，悬空的柜体设计使柜子呈现的视感更显轻盈，温润的木板、清晰的纹理，自然气息浓郁。

亮点 Bright points

纯棉布艺床品

颜色清爽的床品是卧室中的绝对主角，触感柔软舒适更有助于睡眠。

5 日式 <风格
卧室的收纳规划

为卧室增添魅力的趣味性收纳

合理规划衣橱内部结构，让收纳更有序

合理规划物品，提升共享空间的舒适度

亮点 Bright points

箱式床
床底采用箱式设计，大大增加了室内的收纳空间。

亮点 Bright points

白色裸砖
墙面刷白的裸砖，将日式风格的极简韵味表现得淋漓尽致。

亮点 Bright points

收纳搁板
床下设计成开放式的搁板，以摆放一些书籍作为装饰，是丰富室内表情的最佳选择。

在小卧室的空白墙面上，设置一层或两层搁板，用于摆放一些花花草草、生活用品等以增添室内的生气，提升美感，这样既不占用多余空间，也不会对室内格局产生影响。搁板的高度不宜过高，方便拿取即可；层数也不要超过三层，造型尽量简洁，避免复杂的造型与物品过剩产生凌乱感；两层或三层的搁板不要设置在床头墙面，避免物品掉落，发生危险。

小家精心布置之处

1.为满足小卧室的收纳需求，除衣柜外还设立了搁板，其样式造型简单，让小居室达到了“瘦身”的目的。

2.卧室以白色+木色作为主色并大面积的运用，整体氛围十分简洁、温馨；小件家具中融入了一些深色，使得简约的小卧室马上拥有了明快感，配色层次也更丰富。

56

为卧室增添魅力的趣味性收纳

亮点 Bright points

搁板层架

在卧室的空白墙面设立的搁板用来摆放一些日常小物件，点缀出用心生活的点点滴滴。

1

亮点 Bright points

白墙

简洁的白色墙面是奠定居室和风风格的关键。

2

想要拥有一个井然有序的衣橱，要从衣橱的内部规划做起。按照季节的更换来打造有序的衣橱，可以将换季衣物放置在衣橱上方的整理箱中。以秋天为例，当季衣服按照从里到外的穿着顺序将风衣、衬衫、连衣裙或半身裙等需要熨烫的衣物挂起来，方便拿取，衣物也不会产生褶皱；裤装与T恤等按照穿着习惯分类折叠摆放；再通过收纳格或小型整理箱来放置内衣、袜子等小件衣物。衣橱的整理与收纳还要做到随时收纳、随时整理，因为良好的生活习惯是一切收纳技巧的首要前提。

小家精心布置之处

1.简洁的卧室设计，原木色家具搭配白色墙，突显出日式风韵；充满创意的搁板代替了电视柜，节省空间，美观度极高。

2.造型简单的小凳子代替了床头柜，简单实用，一株可爱的绿植更是点缀出卧室的自然气息。

亮点 Bright points

衣柜格局

衣柜里丰富的布局，让收纳更得心应手。

小家精心布置之处

1.轻薄的白色纱帘过滤了自然光线，提升了整个卧室采光的舒适度。

2.通顶设计的衣柜，简洁大方，强大的收纳空间是小卧室中最难得的。

3.卧室的床头墙上打造了一整面的收纳柜，并与书桌连在一起，利用白纱让书桌位置的采光更加舒适；白色柜体与白色顶面完美结合，形成日式居室中的经典留白。

亮点 Bright points

绿植

一株可爱的绿植点缀在白色的背景中，既能净化空气又能美化环境。

合理规划物品，提升共享空间的舒适度

小家精心布置之处

1.卧室整体选择低饱和度色彩，给人的印象十分舒适安详、宁静致远。

2.卧室床头的墙面被打造成衣柜，这样既节省空间还可以满足收纳需求。整墙规划的衣柜与书桌相连，功能更加完善，合理的规划，让卧室与书房共生得舒适而又和谐。

第 4 章

书 房

1 日式 < 风格

书房的布局规划

有色或雾面玻璃保证书房私密性

化书房为客房，增添储物空间的榻榻米

小隔断也可以实现区域划分

利用墙面材质变化，划分空间

亮点 Bright points

无隔断垭口

书房与客厅之间利用结构造型形成虚拟的空间界定，让整体空间更显宽敞、明亮。

亮点 Bright points

原木饰面板

高挑的空间内选用原木色饰面板作为墙面装饰，天然的选材，清晰的纹理自然气息满满，是人工材质不能媲美的。

亮点 Bright points

哑光地砖

灰白色调的地砖，呈现的视觉效果十分柔和。

在小空间内规划书房，利用玻璃材质做隔断是最为常见的，玻璃的通透感有放大空间的效果，为保证私密性，可在玻璃上加上窗帘、布幔或百叶卷帘，或者选择透视性较低的雾面玻璃或茶色玻璃等。这种玻璃不但透光，也不易看清其内部空间。

小家精心布置之处

1.白色百叶帘与白墙完美契合，让书房的留白处理更有层次，利落的线条和素雅的配色让书房看起来空间感十足。

2.书房给人的第一印象是干净、整洁。原木书架的使用，带入朴素的自然风格，搭配美观的植物，让居室的日式氛围更加浓郁。

化书房为客房，增添储物空间的榻榻米

将书房地面设计规划成榻榻米，是日式居室中最常见的做法，不仅能将小书房化身客房，方便接待亲友留宿，还可以充分利用榻榻米的下方空间增添储物空间。将收纳区设置在榻榻米下方，可以用来储放换季衣物、棉被、行李箱等一些非常用的物品。

小家精心布置之处

1.白色与木色作为居室内的主色，呈现的视觉效果简洁、明快，两种颜色的彼此衬托，使得书房的素雅洁净之感油然而生。

2.将地板抬高后，增加了书房设计的层次感，简单的布置后书房便可以化身客房。

3.小书房中搁板的运用是不可或缺的，在空白墙面设立搁板，不仅能有效利用空间，还可以增强设计的层次感，一举两得。

亮点 Bright points

榻榻米的收纳

榻榻米底部被设计成抽屉式收纳箱，拿取物品更加方便。

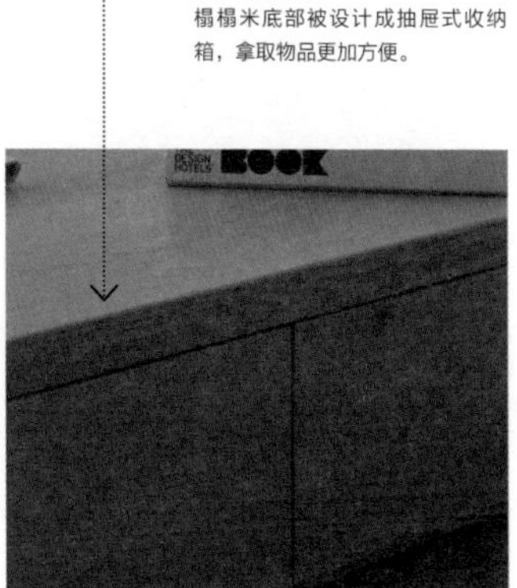

4.白墙与原木饰面板的搭配，让休闲区呈现出温馨舒适的空间氛围，柔软舒适的床品更是呈现出极简的视觉效果。

小家精心布置之处

1.书房整体采用简约风设计，原木色的地板及饰面板搭配白色收纳柜，素雅洁净；全屋统一采用白色百叶帘，配合良好的采光，更显温柔雅致。

2.全屋采用定制家具进行布置，顶面的设计很有层次感，拓展了书房的储物空间；简易榻榻米的设立既可以用来日常休息，也可以用来留宿客人。

3.一侧墙面的柜体选择白色，中和了木色的单一感，让书房看起来更加宽敞、明亮。

小家精心布置之处

1.书房拥有充足的自然光线，能赋予人安全感和舒适感；定制的家具与书房结构的吻合度达到百分之百，这既节省了空间又让书房的动线更加畅通。

2.黑框玻璃制作的间隔，具有良好的透光性，可以减少小书房的压迫感，让整个居室空间的通透性更好。

2 日式 < 风格

书房的色彩搭配

浅蓝色，让书房更显静谧

白色与木色打造日式书房的文艺气息

灰色调呈现日式书房的低调与时尚感

亮点 Bright points

装饰画

几何图案，颜色十分丰富，是墙面装饰的亮点。

亮点 Bright points

地板

浅木色的地板，更具有包容性，为色彩比较活跃的书房带来淳朴、安宁的气息。

亮点 Bright points

绿植

红绿组合，对比强烈，为以低饱和度色彩为主色调的书房增添无限生机与活力。

1

2

63

浅蓝色，让书房更显静谧

小家精心布置之处

1.在睡眠区的墙面上运用了清爽宜人的淡蓝色，床品简洁素雅的条纹自有一种纵深感，成套的床品更让条纹元素充盈整个睡眠区，带给人整洁有序的感受。

2.收纳柜简洁大方，纹理细腻，完美实现了白墙与实木地板之间的色彩过渡，让书房散发着温馨感和归属感。

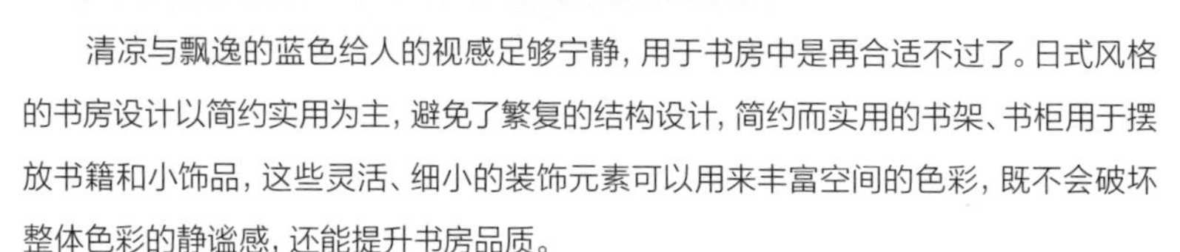
清凉与飘逸的蓝色给人的视感足够宁静，用于书房中是再合适不过了。日式风格的书房设计以简约实用为主，避免了繁复的结构设计，简约而实用的书架、书柜用于摆放书籍和小饰品，这些灵活、细小的装饰元素可以用来丰富空间的色彩，既不会破坏整体色彩的静谧感，还能提升书房品质。

小家精心布置之处

1.将阳台做成榻榻米后，不仅增添了室内的收纳空间，榻榻米可坐可卧的优势也让小空间的功能更加丰富。

2.白墙搭配浅木色地板和家具，呈现的视觉效果十分简洁，简单的配色体现了日式风的宁静优雅。

日式风格书房中的家具多是未经过任何雕琢的原木，既没有上漆，也没有上色，让天然木材与空气直接接触，保留材质本身的质感与色彩，搭配极简的白色墙面，文艺气息浓郁。

<3

3.充分利用楼梯下方的空间是LOFT户型的设计宗旨，将收纳柜与楼梯完美地结合在一起，实现这既是收纳柜又是楼梯的巧妙设计，创造了更多的收纳空间，还可以节省更多的空间。

4.整面墙都做成收纳柜，开放的格子与封闭的柜体，展现丰富的层次感；一把铁艺梯子立在一旁，可以用来拿取上方的物品，也可以视作室内的装饰元素，别有一番美感。

<4

65 灰色调呈现日式书房的低调与时尚感

灰色调总能给人带来沉稳、安逸之感。日式书房中可将墙面简简单单地刷上灰色调墙漆，搭配简单的书桌、书柜、椅子，简洁的软装配置与简约的配色，不经意中呈现出日式风格的低调与时尚，有利于静心工作与学习。

小家精心布置之处

1.拥有大面积采光的书房，配色也很大胆，墙面整体选择以灰蓝色为背景色，营造出的空间氛围十分安静；为缓解沉闷感，地板和收纳柜还是选择了浅木色，深浅颜色的调和，使书房整个视觉效果更和谐、舒适。

2.书房中家具选择了胡桃木材质，坚实耐用，很有质感，设计简洁大方，线条流畅，整体设计很符合日式风格安静而深邃的气质。

3.留白墙面上不做复杂的设计造型，用两幅简单的装饰点缀，大量的留白构图传达着无尽的艺术意韵。

日式<风格 书房的材料应用

素色墙漆与木材的组合，温暖而清新

蔺草，榻榻米的不二之选

与木材相得益彰的木纹理壁纸

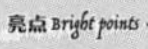

亮点 Bright points

复合木地板

胡桃木色的地板，色调沉稳，与浅木色和白色相搭配，为居室注入了日式风格质朴的生活基调。

亮点 Bright points

乳胶漆

乳胶漆的质感十分细腻，无论是白色的顶面还是绿色的墙面，呈现的效果都很清爽、干净。

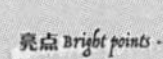

亮点 Bright points

蔺草席

蔺草制作的席面通气性好，天然的选材呈现的自然气息十分浓郁。

装饰画
画品的主题充满童趣，是缓解压力的好选择。

<1

<2

小家精心布置之处

1.书房选择以蓝色与白色作为主色调，视觉效果明快，木质家具的颜色沉稳内敛，局部的点缀效果非常好。

2.书柜的设计层次丰富，为小书房创造出更多的收纳空间。

素色墙漆与木材的组合，温暖而清新

日式家居在配色上基本以低饱和度色彩为主，因此书房墙面乳胶漆颜色的选择多以浅色或素色为主，搭配或深或浅颜色的木材，呈现的视感安逸、温暖、清新。

67 蔺草，榻榻米的不二之选

1

2

榻榻米占地面积小，适用于小户型空间，兼具收纳和坐卧功能，是日式家居中的代表元素。蔺草是制作榻榻米席垫的首选材料，其色泽自然，通气性能好，有吸附空气中有害物质的功能，十分环保。用于制作榻榻米的席垫，简约淳朴的质感，是营造宁静和风氛围的不二之选。

小家精心布置之处

1.书房规划成榻榻米，节省空间，还能为小空间创造出更多的收纳空间。

2.升降桌方便用来喝茶、学习或是工作，平时不用时可以将桌子收在榻榻米中；靠背坐垫是提升榻榻米舒适度的一个不可或缺的利器。

小家精心布置之处

1.小书房中并没有整体做成榻榻米，而是为书桌与椅子预留了足够的空间，这种做法让伏案工作或学习的舒适度更高，也更符合人体工程学；榻榻米作为书房中的卧榻完美地将书房化身客房，用来留宿客人很方便。

小家精心布置之处

1.阳光透过轻薄曼妙的窗纱洒在榻榻米上显得格外柔和，呈现出阳光房般的休闲氛围。

2.小书房中书柜和书桌的选色略显沉稳，深色的木材纹理却很清晰，呈现出浑厚、质朴的自然美感。

亮点 Bright points

收纳箱

床下的收纳箱，不占据空间，还能拓展居室内的收纳空间。

小家精心布置之处

1.书桌摆放在窗户前，是最佳的布置方式，窗帘选择了不占空间的百叶帘，让小书房的装饰颇具现代感与线条感。

2.休息区的墙面设计很简单，用壁纸进行装饰，若隐若现的纹理非常耐看，省去一些烦琐的装饰也是一种明智的选择。

3.书桌右侧墙面经过整合后功能更强大，灯带的合理运用也让柜体在视觉上有了轻盈感，不会因为过度的整合而使小空间产生沉闷感。

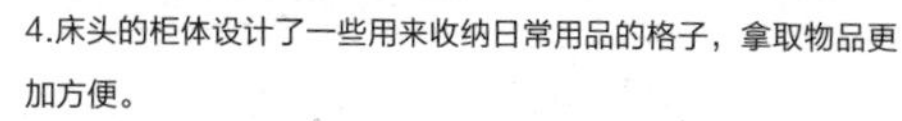

4.床头的柜体设计了一些用来收纳日常用品的格子，拿取物品更加方便。

5.被整合的墙面不仅包含了衣柜，还将电视机隐藏其中，除了满足小空间内收纳衣物的空间需求之外，还兼备了观影功能，将小居室的实用面积发挥到极致，科技感十足。

日式 < 风格

书房的家具配饰

体量轻盈的“小细腿”家具

减除多余家具，释放更多使用空间

浅色调家具，更显禅意

亮点 Bright points

花艺

鲜花与阳光的搭配，让书房的氛围更加祥和，整体空间都洋溢着幸福的味道。

亮点 Bright points

留白墙面

留白是小户型居室的经典做法，大面积的白墙将简约风表达得淋漓尽致。

亮点 Bright points

地板

强化木地板的性能良好，结实耐用，性价比高，是节约装修成本的好材料。

1

2

小家精心布置之处

1.书柜设计成开放式，丰富多变的收纳格子本身就是书房内最好的装饰元素。

2.椅子的造型纤细可爱，为小书房节省了很多空间，多元化的选材结实耐用。

3.矮墙作为客厅与书房的界定，实现了两个区域的独立，又可以用来收纳或陈列一些饰品，个性十足又不失实用性。

小面积的书房中，书桌、座椅等家具选择体量轻盈的细腿造型，可以让小书房在视觉上达到“瘦身”的效果，减少小空间的压迫感。家具的颜色也多以原木色、白色或其他浅色为主，简约的造型，让文艺气息充盈整间书房。

3

70 减除多余家具，释放更多使用空间

小家精心布置之处

1.淡淡的素色调墙面和造型简单的家具，让空间呈现出清爽、舒适的休闲氛围。

2.榻榻米上一抹清爽、简单的绿植，让充满阳光的房间里更多了清新的暖意，搭配浅色的原木地板，碰撞出极简的视觉感受。

3.落地窗搭配白色百叶，让室内自然光更柔和，解压又有利于视力健康。

4.定制的书桌造型简单，原木饰面自然感十足，墙面装饰的深色墙漆十分醒目，为日式书房增添时尚感。

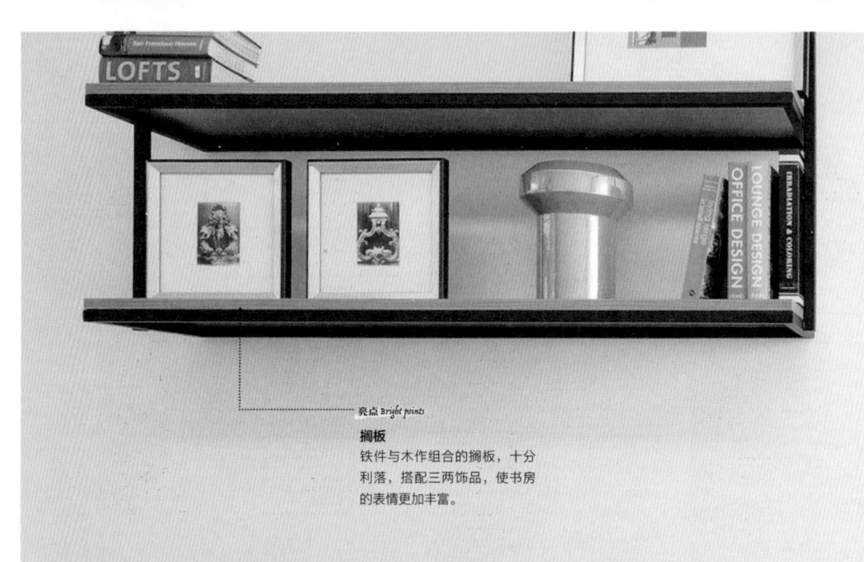

亮点 *Bright points*

搁板

铁件与木作组合的搁板，十分利落，搭配三两饰品，使书房的表情更加丰富。

71 浅色调家具，更显禅意

<1

日式小书房中，家具的选择多以浅色系为主，如原木色、白色、米色、浅灰色等，可与地板颜色接近，也可以与墙面、饰面板的颜色接近，清晰的纹理、淡雅的色彩和清新简约的造型能让书房显得更富禅意。

小家精心布置之处

1.书房中不需要复杂的装饰，简单质朴的原木色墙板及书桌足以将整个空间映衬得足够完美，配合几点绿色的点缀，使书房整体给人的感觉简约、清爽，自然气息浓郁。

亮点 Bright points

绿植

一抹小体量的绿植点缀在书桌上，使小书房的自然气息十分浓郁。

2.量身定制的书桌与墙面形成无缝连接很有整体感，简约的外形设计赋予空间利落的线条感。

5 日式 < 风格
书房的收纳规划

组合收纳，让小空间更显整洁

书桌上方空间的巧利用

灵活的壁橱门，让收纳更得心应手

亮点 Bright points

木质推拉门

收纳柜的门板选择纹理细腻的原木材质，横向推拉设计也更节省空间。

亮点 Bright points

组合收纳柜

小客卧中，将一侧墙面打造为用来收纳的柜子，开放的格子可以用来摆放照片或喜欢的饰品摆件，封闭的空间则可以用来收纳一些贵重物品，丰富的设计能满足不同需求。

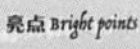

抱枕

黑色的椅子上摆放了一个黄色抱枕，颜色选择得十分跳跃，增添了小居室的活跃氛围。

书柜成为整个书房的主要收纳空间，日式风格书房中的书柜以简洁实用为主要前提。简约的搁板下方搭配封闭的柜门或抽屉，上部分搁板可用来摆放或陈列一些常用的书籍，还可以加入一些绿植或小摆件来美化书房氛围；下部分的封闭空间可以用来收纳一些珍贵藏品或非常用物品，这样的收纳规划可以让小书房更整洁。

小家精心布置之处

1.书房的后侧墙面都设计成书柜，丰富的藏书点缀出浓郁的书香气息，三两小物件的出现则使空间氛围更显活跃和生趣。

2.书房与玄关的间隔用了玻璃推拉门，木色边框的玻璃门将书房的光线引入玄关，保证两处都不会显得闭塞或压抑。

78

书桌上方空间的巧利用

<1

亮点 Bright points

棕红色调地板

棕红色调的地板，温度感十足。

小家精心布置之处

1.书桌设立在室内采光最好的地方，再搭配白色纱帘来调节光线，整体给人的感觉舒适又美观。

2.书桌、书架采用定制的方式与衣柜连接在一起，没有任何修饰，就能营造出一个用于工作学习的小场所，原木色的书桌及书架看起来很结实耐用，也充分满足了书房的收纳需求。

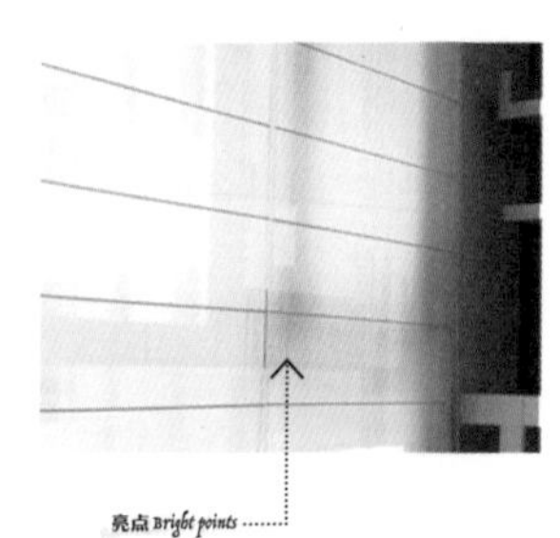

亮点 Bright points

白色蜂巢帘

蜂巢帘抗潮性好，简约通透，使光线更柔和。

<2

What Time is it There ?
亮点 Bright points
单人椅
黑色的铁件搭配皮质组合的椅子，看起来很扎实耐用。

亮点 Bright points
布艺帘
厚重的布艺帘让书房的私密性更好。
亮点 Bright points
肚式书桌
书桌的抽屉是存放小件物品的最佳之选。

74 灵活的壁橱门，让收纳更得心应手

小家精心布置之处

1.书房靠近窗户的位置设计了小型榻榻米，作为整个空间采光最好的地方，卷帘的运用很好地调节了室内采光强度，使得空间更加通透、明亮、舒适；榻榻米上随意摆放着喜爱的绿植，点缀出一个自然氛围满满的书房。

2.书房一侧墙面被整体规划成用于收纳的书柜，柜门选择了木纹清晰的哑光白蜡木材质，经过简单的修饰仍保留了木材本身的温度感，宽大的造型让书房的储物空间十分充足；书架上摆放一株仿真绿植，更加突显了室内的自然气息。

第5章

厨房

1 日式 < 风格

厨房的布局规划

台面作为间隔，让餐厅与厨房形成独立空间

利用材质变化，界定空间

U形动线规划合理而高效

亮点 Bright points

绿植

绿植的运用，让小厨房有了沐浴阳光般的自然之感。

亮点 Bright points

白色橱柜

洁净的白色橱柜造型简单大方，与白墙的完美融合入，尊崇了日式家居的简约格调。

亮点 Bright points

地砖

灰色调的哑光地砖被用在白色的小厨房中，增添了整体色彩的稳重感。

75

台面作为间隔，让餐厅与厨房形成独立空间

小家精心布置之处

1.整墙打造的橱柜，并结合中岛台的设计，与开放式空间中的其他元素巧妙融合，在放大视觉效果的同时也保证了设计的整体性。

2.中岛台的设计在开放式空间中显得尤为重要，既承担着两个区域的衔接工作，又使两个空间形成独立，隐形界定了厨房与餐厅的空间。

以操作台面作为厨房与餐厅之间的间隔，是多数小户型居室内十分常见的规划手段，既保证两个空间的独立性，又对厨房与餐厅两个空间起着辅助的作用。台面颜色的选择可参考橱柜或餐桌，其中白色、木色、米色最适合用于日式风格的小空间使用，整洁干净，与空间的整体色调搭配更和谐。

3.中岛台的设计让空间的视野更加开阔，烹饪时还可以用来辅助备餐；台下设计成用于收纳的柜子，大大增加了小户型的收纳空间。

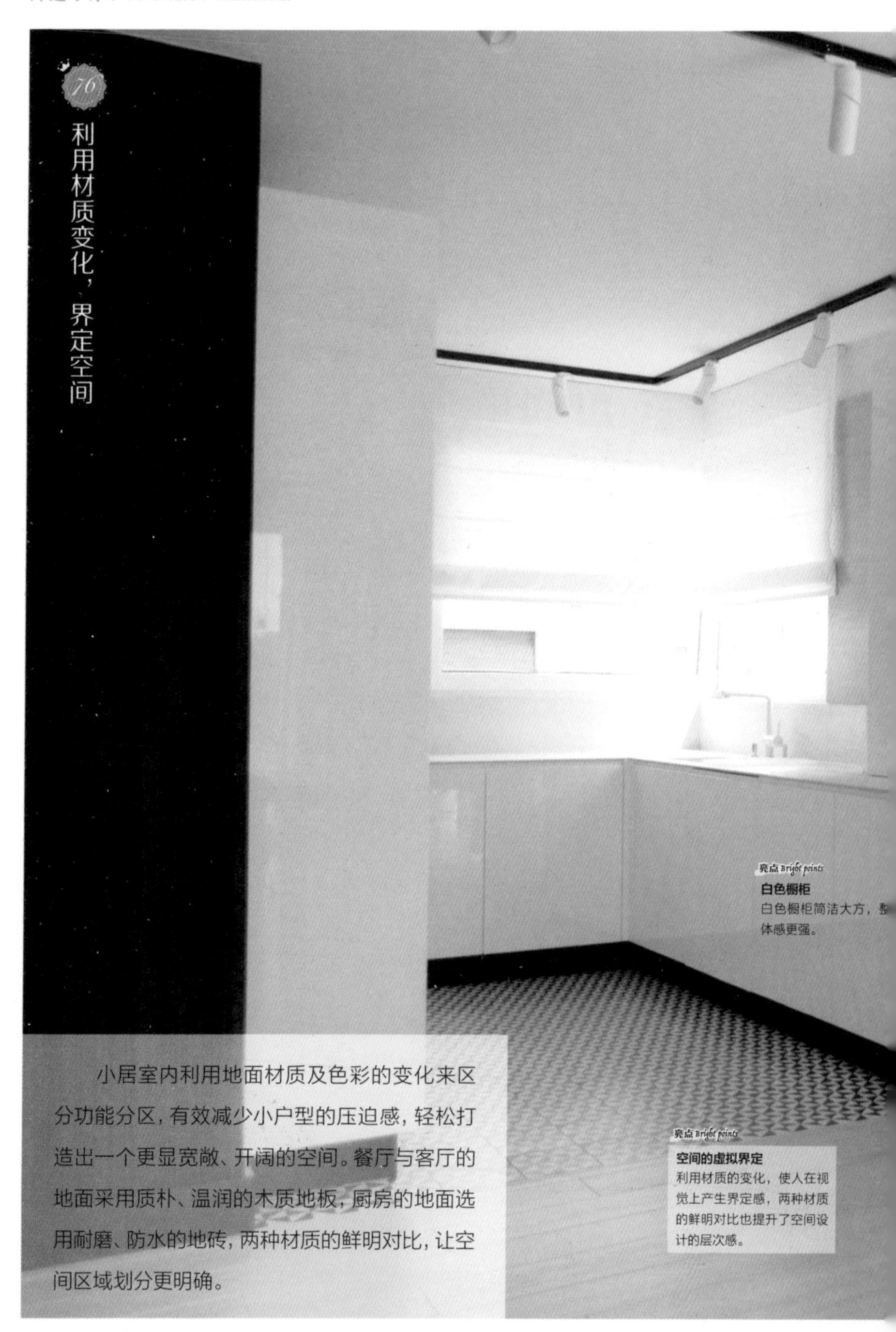

76

利用材质变化，界定空间

小居室内利用地面材质及色彩的变化来区分功能分区，有效减少小户型的压迫感，轻松打造出一个更显宽敞、开阔的空间。餐厅与客厅的地面采用质朴、温润的木质地板，厨房的地面选用耐磨、防水的地砖，两种材质的鲜明对比，让空间区域划分更明确。

亮点 Bright points

白色橱柜

白色橱柜简洁大方，整

体感更强。

亮点 Bright points

空间的虚拟界定

利用材质的变化，使人在视觉上产生界定感，两种材质的鲜明对比也提升了空间设计的层次感。

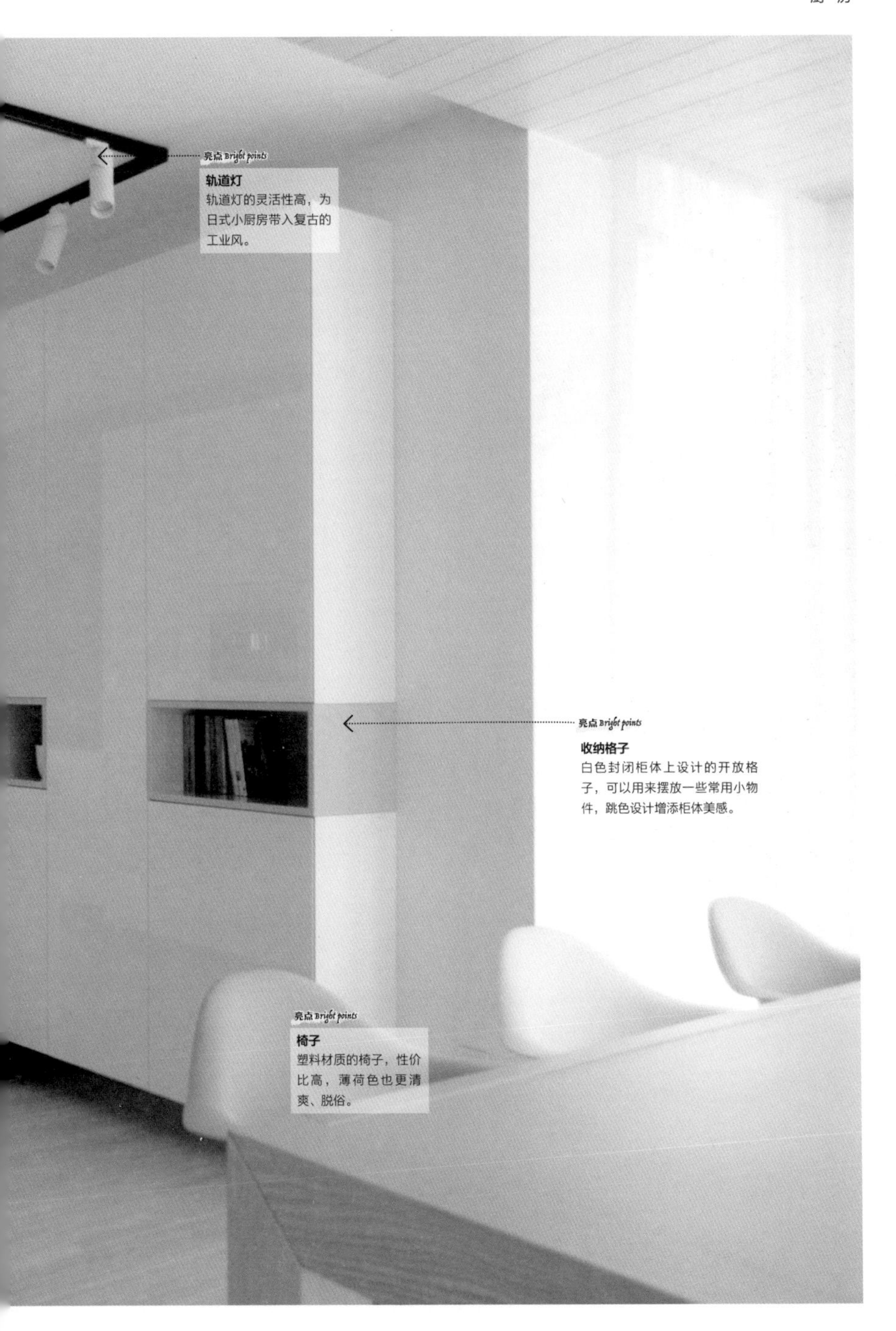
亮点 Bright points
轨道灯
轨道灯的灵活性高，为日式小厨房带入复古的工业风。
亮点 Bright points
收纳格子
白色封闭柜体上设计的开放格子，可以用来摆放一些常用小物件，跳色设计增添柜体美感。
亮点 Bright points
椅子
塑料材质的椅子，性价比高，薄荷色也更清爽、脱俗。

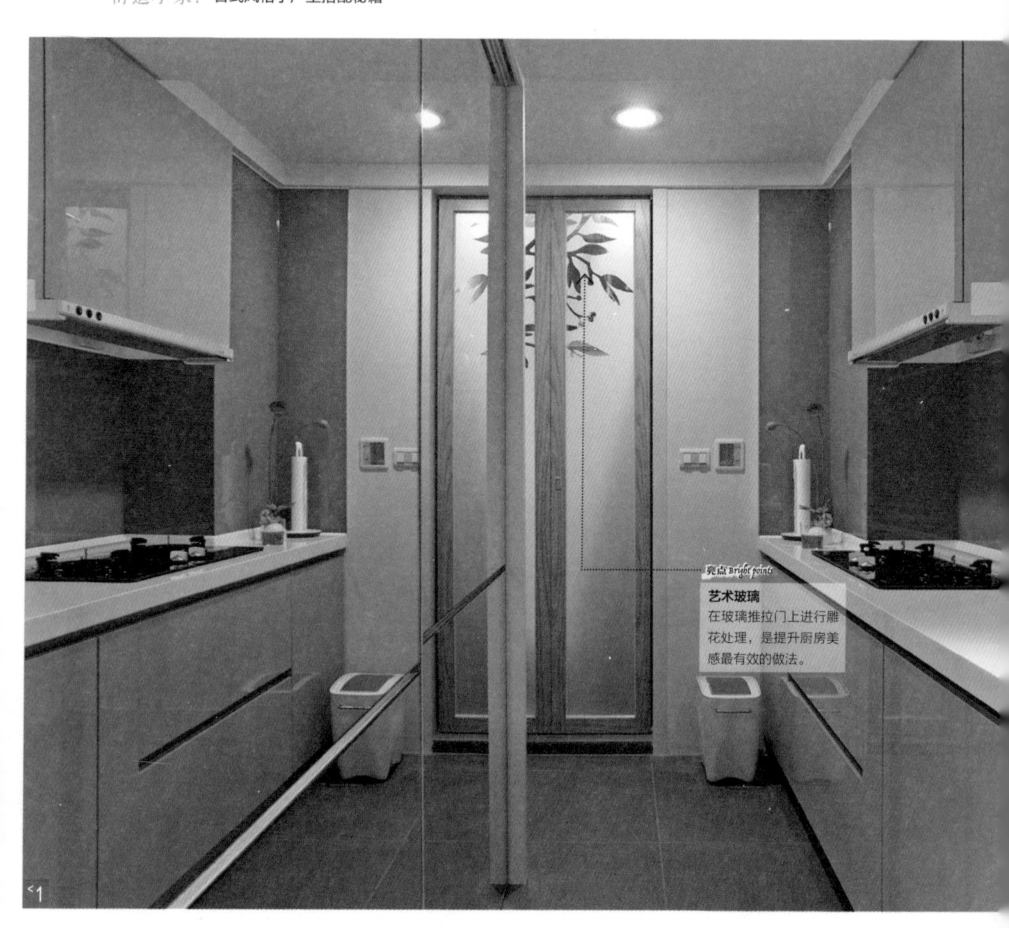

U形动线规划合理而高效

U形厨房是最理想、高效的厨房动线规划，将冰箱、储物区、水槽、加工台、备餐台、调味品区、灶台、装盘台等厨房主要工作区域以U形布局进行规划，能够拥有一个完美、流畅、高效的厨房操作区，合理的动线规划，是保证烹饪工作有序进行的基本保障，让烹饪者更加心情愉悦，促进美好生活。

小家精心布置之处

1.厨房整体以白色作为主色，利用白色的扩张感让小厨房看起来更宽敞，使用光滑的烤漆饰面橱柜，装饰效果极佳，日常清洁也更方便。

2.厨房选用了钢化玻璃作为与阳台的间隔，良好的通透性在视线上放大了空间，引光入室，缓解了厨房无窗的尴尬。

3.餐桌与中岛台之间不设间隔，保证了厨房拥有良好的采光与开阔的视野，日常拿取食物也更方便、快捷。

2 日式 < 风格
厨房的色彩搭配

白色与浅绿色，营造日式清新感

多种色彩的巧妙融入

亮点 Bright points

壁龛

墙面设计出一个壁龛，用来摆放一些花花草草，让简约的厨房拥有丰富的美感。

亮点 Bright points

白色背景色

背景色选用白色，呈现的视觉效果更加整洁、敞亮。

亮点 Bright points

局部点缀色

厨房局部墙面运用酒红色进行点缀，弱化大面积白色的单调感，局部的点缀让小厨房的色彩氛围更明快。

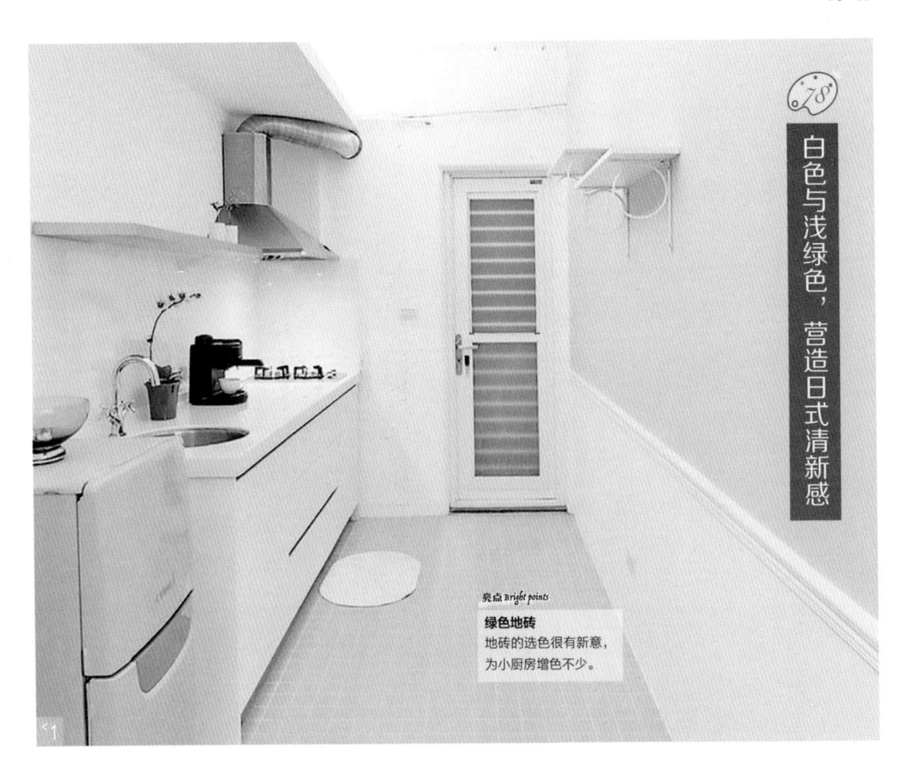

78

白色与浅绿色，营造日式清新感

亮点 Bright points

绿色地砖

地砖的选色很有新意，为小厨房增色不少。

在厨房中适当地融入一些绿色，能给人带来清爽、愉悦的美感。日式风格的厨房多以白色为背景色，利用白色打造出干净、整洁的背景环境。用于点缀的绿色可深可浅，一株绿植盆栽、一些新鲜的果蔬都可以作为有效的点缀色融入其中。

小家精心布置之处

1.小厨房的配色以白色和浅绿色为主色调，整体给人的感觉清爽宜人；厨房整体规划为一字形，看起来更加规整有序。

2.厨房台面上点缀了几株可爱的植物，小巧婉约的蝴蝶兰和清爽自然的绿植，无一不散发着浓郁的自然气息。

多种色彩的巧妙融入

日式家居中很少有过于浓郁、华丽的色彩，但也并不是完全没有鲜艳色彩的存在。在厨房中可以小范围地点缀一些鲜艳、明快的颜色，来丰富配色层次，提升空间美感，也让烹饪工作更显轻松。

小家精心布置之处

1.厨房背景墙的搁板造型十分简洁，原木色的木板上放置了一些常用的调料及粮食密封罐，既美观又实用。

1

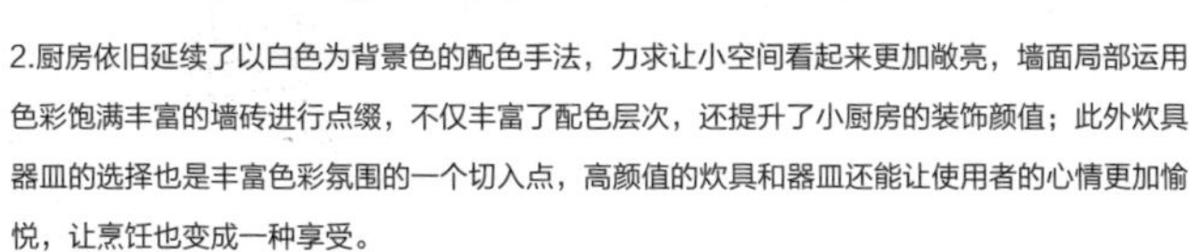

2.厨房依旧延续了以白色为背景色的配色手法，力求让小空间看起来更加敞亮，墙面局部运用色彩饱满丰富的墙砖进行点缀，不仅丰富了配色层次，还提升了小厨房的装饰颜值；此外炊具器皿的选择也是丰富色彩氛围的一个切入点，高颜值的炊具和器皿还能让使用者的心情更加愉悦，让烹饪也变成一种享受。

3.开放式的空间，厨房的右侧是餐桌，合理的动线加上深浅得当的配色，营造出整洁舒适的生活空间。

3 日式 < 风格 厨房的材料应用

充满复古气息的墙砖

白色饰面板，让厨房更洁净

亮点 Bright points

白砖

白砖的运用，让厨房呈现的效果更加整洁、干净，黑色美缝剂更显空间简约和时尚。

亮点 Bright points

橱柜

白色烤漆饰面的橱柜，造型简洁、色调明快，大大增加了小厨房的整洁感。

亮点 Bright points

防滑地砖

灰色调的地砖选择工字形的铺贴方式，搭配浅色填缝剂，层次更显明快，防滑的性能也是厨房地砖中必不可少的性能。

小家精心布置之处

1.厨房的配色很有层次感，绿色墙漆与木饰面板的组合，突显了室内的自然气息；深色橱柜很有存在感，样式也非常简约大方，为小厨房带来了利落感。

2.看似斑驳的陶瓷锦砖很有复古感，与细腻的乳胶漆形成鲜明对比，成为室内装饰的一个亮点。

3.餐桌被布置在厨房的入口处，不设任何间隔，保证动线畅通，原木材质的餐桌与厨房台面选材保持一致，两个空间遥相呼应，整体感倍增。

81

白色饰面板，让厨房更洁净

亮点 Bright points

装饰地砖

黑白地砖的装饰处理，丰富了居室的色彩，增添明快感。

小家精心布置之处

1.窗台上用来摆放一些绿植，与白色橱柜搭配在一起，沐浴在温暖的阳光下，让厨房看起来更加的如沐春风、自然清爽。

<1

2.为缓解大面积白色的单调，白色墙砖运用了黑色填缝剂，层次看起来十分明快；原木色的台面更是增添了无限暖意，强化了居室的自然系格调。

亮点 Bright points

木质台面
木质台面纹理丰富自然，美观度是其他材质不能媲美的。

<2

4 日式 < 风格
厨房的家具配饰

田园橱柜，打造日系自然风

合理搭配餐厨家具，餐厨一体更和谐

亮点 Bright points

哑光砖

米色调的哑光砖搭配木色橱柜，整体视觉效果很和谐舒适。

亮点 Bright points

筒灯

筒灯的组合使用，保证厨房拥有充足的照明，是提升烹饪工作效率的基本保障。

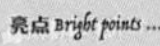

亮点 Bright points

绿植

厨房拥有明亮宽大的窗户，在窗台上摆放一些绿植来点缀空间，是美化居家最高效的做法。

82

田园橱柜，打造日系自然风

在日式风格的厨房中，采用白色实木橱柜来代替传统的原木色橱柜，通过白色界面给人带来干净、整洁、明快的视感，同时为缓解单调，可在橱柜的设计上融入一些变化，简约的线条或是复古的金属门把手，都能增添厨房空间的田园意味，却也不失日式居室的自然之美。

小家精心布置之处

1.白漆饰面的橱柜很有田园气质，在小厨房中尤为适用，墙面色彩斑斓的釉面砖丰富了小厨房的整体表情，大大提升了生活品质。

2.橱柜通体选择白色，简练的设计线条搭配黑色把手，很有色彩层次感，同时也保证了空间的开阔感与整洁度。

合理搭配餐厨家具，餐厨一体更和谐

小家精心布置之处

1.在厨房的一角设立了吧台，繁忙之余在此处小酌一杯，是个解乏减压的好方式。

2.厨房与玄关相连，从吧台下方延伸出来的搁板设计得十分巧妙，它既可以让休闲角落坐更多人，还可以用来代替换鞋凳，节省空间的同时又完善了小玄关的功能。

相对紧凑的空间内，将餐厅与厨房规划在一起是一种比较明智的做法。橱柜应尽量选择选用造型简单的一字形橱柜或L形橱柜；相比圆形餐桌，长方形或方形餐桌与一字形或L形橱柜的融合度更高，可以利用餐桌作为客厅与餐厨之间的空间界定，免去隔断，以缓解小空间的压迫感与局促感。

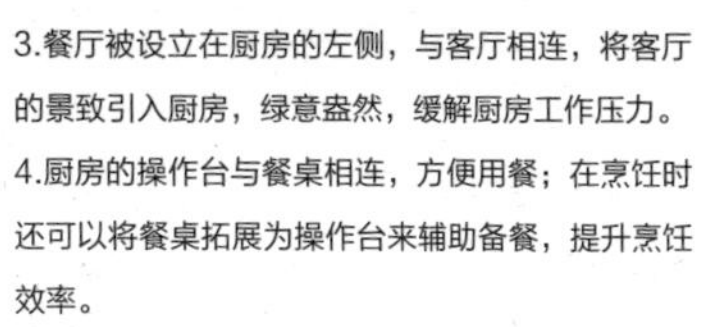

3.餐厅被设立在厨房的左侧，与客厅相连，将客厅的景致引入厨房，绿意盎然，缓解厨房工作压力。

4.厨房的操作台与餐桌相连，方便用餐；在烹饪时还可以将餐桌拓展为操作台来辅助备餐，提升烹饪效率。

利用水槽上方橱柜收纳，让烹饪更便利

利用搁板收纳，尽情装饰小厨房

吊柜下安装搁板，让收纳更便捷

让人眼前一亮的组合式橱柜

亮点 Bright points

L形操作台
L形的结构布局，能将小厨房的使用面积最大化地利用起来，整墙的柜体也让空间的收纳能力更强大。

亮点 Bright points

灯槽
宽大的灯槽让小厨房的照明更加充足，简单的造型方便日常清洁。

亮点 Bright points

绿色墙砖
墙砖的颜色让小厨房看起来十分清爽宜人，明快的配色也让烹饪更加轻松。

84 利用水槽上方橱柜收纳，让烹饪更便利

亮点 Bright points

折叠门

折叠门将厨房隐藏起来，巧妙的设计构思让小居室的实用面积得到最有效的利用。

水槽上方是一处最佳的沥水场所，所以水槽上可以摆放一个沥水置物架。这里的置物架可以摆放一些碗碟、杯盘、厨具以及洗过的水果，非常实用，这样也不用担心水滴落在台面上，让厨房的烹饪变得更加舒心、美好。

小家精心布置之处

1.开放式的空间内，厨房选择一字形布局，集成灶虽然小巧但是能满足日常烹饪需求；折叠门是整个空间的设计亮点，释放门板可以将厨房隐藏其中，折叠门板时就能拥有一个五脏六腑齐全的小厨房，精巧的设计让小居室的使用极富弹性。

2.为保证空间整体性与视线的开阔性，地面整体都选择了木色地板进行装饰，与白墙的搭配，呈现出日式风格居室的简约、温馨，室内的东西并不多，却能保证日常生活的基本需求，简简单单的搭配就能拥有简约、舒适的生活方式。

亮点 Bright points

鱼骨造型地板

地板的铺装仿照了鱼骨造型，不失为一道亮丽的风景线。

利用搁板收纳，尽情装饰小厨房

在进行厨房规划时，若刚好有一面墙是空着的，那么不妨利用起来，在墙面规划一个多层或单层的置物架。将空白墙面充分利用起来，可以用来摆放高颜值的餐具、茶具等，这样可为厨房增色不少；也可用来摆放一些面包机、热水壶、微波炉等小型家电，开放式的收纳，使用更加方便。

<1

<2

小家精心布置之处

1.整体以白色作为主色调的小厨房，虽然面积很小，但是装置齐全，通过台面上放置的小家电、鲜果、绿植的点缀，让生活的烟火气息和仪式感都在此处尽显。

2.厨房中的储物空间除了被安排在下方的橱柜中，还可以将台面上方的墙面利用起来，设立简单的搁板，摆放一些经常使用的餐具，既美观又方便拿取。

86

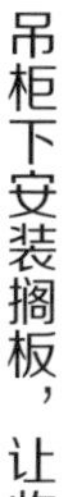

吊柜下安装搁板，让收纳更便捷

小家精心布置之处

1.厨房采用了一字形布局，定制的橱柜将洗衣机、冰箱完美地包容其中，有效地节省了空间，白色橱柜中木质搁板的运用，让空间色彩更有温度感，简单的造型也体现了日式风格居室删繁就简的搭配理念。

2.橱柜的白色与室内的背景色相互呼应，美观大方又具有很强的收纳能力。

87 让人眼前一亮的组合式橱柜

1

如果想保持厨房墙壁的完整和整洁，那么可以考虑在台面或橱柜上发挥一些想象力。利用组合式橱柜来装饰厨房，既能提升厨房颜值，也能保证收纳工作的有序进行。例如，将经常使用的物件放置在随手可及的位置，不经常使用的物品则可以放置在橱柜的高处。台面也可创造出更多的收纳空间，可以在台面上摆放一个置物架，方便移动、不伤墙面，也好清洁。

2

小家精心布置之处

1.厨房采用一字形操作台，集成灶台将油烟机、炉灶、消毒柜、烤箱等厨房电器整合为一体，极大节省了空间，让小厨房拥有更多可用于收纳的空间；橱柜的设计将冰箱隐藏其中，更加强化了集成厨房的一体性；靠墙摆放的小餐桌，造型简单却能满足四人同时用餐，实用性高。

2.小厨房的墙面运用了色彩丰富的花砖进行局部装饰，以白色和木色为主色的空间配色层次更丰富，复古的图案也让小厨房的美感倍增。

第 6 章

卫生间

1 日式 <风格 卫生间的布局规划

适当分离洗手台，让小卫生间变大

透明材质让小空间减少压迫感

亮点 Bright points

镜面

悬挂在墙面的圆形梳妆镜，简洁大方，一改传统镜面的方正造型，让洗漱间的搭配充满趣味性。

亮点 Bright points

木地板

将洗漱区设立在卫生间外，地面选择与客厅相同材质的地板，提升空间搭配的整体性。

亮点 Bright points

深色墙砖

卫生间墙体下部分选择深色墙砖，上浅下深，视觉感更加沉稳。

88

适当分离洗手台，让小卫生间变大

亮点 Bright points

收纳篮
在角落里放置一个用来收纳脏衣服的小篮子，方便又卫生。

1

小户型居室中的卫生间空间有限，无法干湿分离，可适当分离厕所和沐浴区，或将洗漱台外置，这样可让小卫生间获得更多的使用空间，满足家人同时使用的需求。

小家精心布置之处

1.卫生间采用钢化玻璃实现了干湿分区的理想布局，双一字形的结构布局提升了使用的舒适度，超大洗手台也提高了洗漱效率。

2.厚重的窗帘保证了浴室的私密性，与卫生间墙面的大面积白色搭配和谐，营造出一个非常舒适的空间氛围。

2

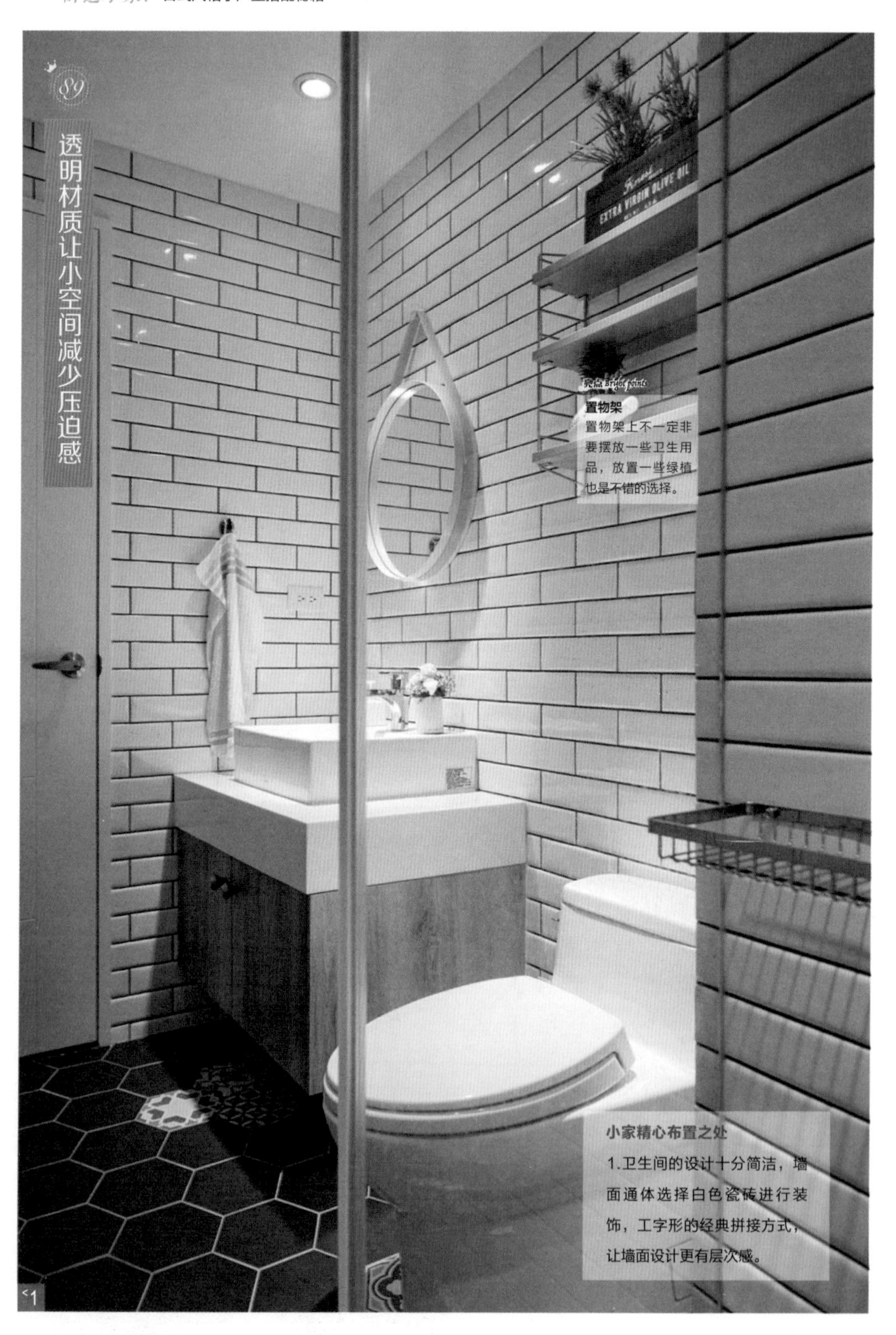
89
透明材质让小空间减少压迫感
亮点 Bright points
置物架
置物架上不一定非要摆放一些卫生用品，放置一些绿植也是不错的选择。
EXTRA VIRGIN OLIVE OIL
小家精心布置之处
1.卫生间的设计十分简洁，墙面通体选择白色瓷砖进行装饰，工字形的经典拼接方式，让墙面设计更有层次感。
1

2.钢化玻璃材质的间隔实现了小浴室的干湿分区，透明的玻璃将淋浴区的自然光引入室内，将明窗优势发挥到最大。

3.六角地砖与花砖装饰的地面，让浴室充满现代感。

2 日式 < 风格

卫生间的色彩搭配

自然元素巧妙运用，提升日式居室的颜值与魅力

日式风里的高级灰，适合喜爱极简利落的男性

亮点 Bright points

植物

洗手台上点缀的一抹绿植，清爽、淡雅，自然气息满满。

亮点 Bright points

钢化玻璃间隔

通透的玻璃使卫生间实现了干湿分区，良好的透光性也不会使小空间变得阴暗。

亮点 Bright points

白色面盆

白色总能给人整洁、干净的感觉，洗手台和面盆都选择白色，整体感强，光滑的饰面也更好打理。

亮点 Bright points

绿植

多种绿植与木作家具搭配在一起，这是营造日式家居风格的不二之选。

日式风格的居室内，配色无外乎是白色与木色的组合最为常见，为减弱白色的单调感，将自然元素融入其中，能够提升空间整体搭配的颜值，是空间配色的一大亮点。如洗手台下方搭配一条米色调的棉麻地毯，利用米色与原木色的微弱色差来丰富暖色调的层次感，尽显日式风格的素朴之美；搭配绿植则可以增添小空间的趣味性与自然气息。

小家精心布置之处

1.白色与木为主色，十分符合日式风格崇尚简单、自然的配色理念，绿植的点缀让室内配色看起来更加和谐统一，同时也是净化空气的最佳选择。

2.绿植是卫生间中不可或缺的点睛之笔，在角落里放置一盆大叶绿植，让空间顿显满满生机。

日式风里的高级灰，适合喜爱极简利落的男性

高级灰通常被运用于单身男性居住的房间，给人以理智而高级的感受。日式风格的居室内，即便是使用灰色调，也会运用一些木色、白色来进行调和，利用白色缓解灰色调的单一，以原木色带出自然温润的视感，色彩之间的彼此融合与协调，令空间产生极简却并不乏味的视觉感受。

小家精心布置之处

1.原木材质的洗漱柜搭配椭圆形的洗手盆，再通过深灰色背景的衬托，让卫生间呈现的视觉效果更富有艺术感。

2.灰色陶瓷锦砖与米白色墙砖搭配经典不俗，而且很好地将小卫生间的如厕区与洗漱区做了划分。

3.想要拥有整洁有序的空间，减少物品杂乱堆放是很有必要的。卫生间的墙面设立了简单的收纳层架，仅将一些生活必需品收纳其中，满足日常所需，也不会影响生活品质。

3 日式 < 风格
卫生间的材料应用

墙砖与填缝剂的互补，增添单色墙面的趣味性

小浴室，也可以利用花砖来提升颜值

亮点 Bright points

钢化玻璃隔断

淋浴区与如厕区用一道钢化玻璃分隔开，简单大方，施工方便。

亮点 Bright points

白砖

整墙装饰的白砖采用工字形拼贴方式，搭配黑色填缝剂的修饰，简约且不失层次感。

亮点 Bright points

小型洗漱柜

洗漱柜与面盆一体化的设计，大大节省了小空间的使用面积，简练的样式也很美观。

1

92 墙砖与填缝剂的互补，增添单色墙面的趣味性

小户型卫生间中的墙面装饰材料宜简不宜繁，若想缓解单调或突显设计美感，可以从墙砖与填缝剂的搭配上做些调整。白色墙砖选用灰色或黑色填缝剂，可使白墙砖更有立体感；黑色或灰色的墙砖选用白色填缝剂，利用白色填缝剂将大面积的深色进行分割，弱化压迫感，让小户型卫生间的使用更舒适。

小家精心布置之处

1.小卫生间的配色一改日式传统的木色与白色，而是选择高级灰与白色进行搭配，呈现的视感明快而时尚；如厕区墙面的木材虽然被漆成灰色调，但被保留下来的木质纹理依旧能为居室带来自然、质朴的美感；白枫木百叶门是卫生间中的一个装饰亮点，良好的透气性让储物间不易滋生细菌或产生异味，刷白处理的百叶层次丰富，更有自然气息。

2.洗漱区依旧延续了灰色与白色调的组合，简洁明快的视感不言而喻；金属吊灯上一抹绿色的出现丰富了室内的色彩表情，简约的框架与考究的选材组合在一起，突出了整体艺术感，而且吊灯本身就是一件很好的装饰品。

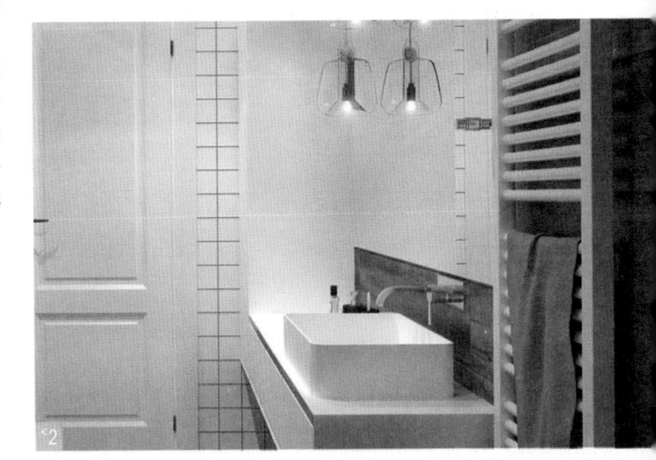

2

日式风格的小浴室中也可适当地运用一些花砖来装饰墙面，但其使用面积一定要小，以避免小空间的杂乱感。小户型中花砖的运用以腰线的设计最为经典，还可以根据自己的喜好在洗手台两侧或浴缸边搭配一些不一样的花色作为点缀，提升小浴室的颜值。

小家精心布置之处

1.卫生间的整体装饰效果清爽、活泼，墙面用浅色墙砖进行装饰，简洁不失温度感，局部墙面选用了和地面相同的花砖进行混拼，形成了鲜明的繁简对比，让小空间瞬间活跃起来。

2.浴缸与如厕区用矮墙与钢化玻璃进行划分，矮墙上放置了一些沐浴用品和装饰的花草，生活气息十分浓郁。

4 日式 < 风格

卫生间的家具配饰

功能性与装饰性俱佳的创意洗手台

家具与结构布局的完美契合，有助小浴室“瘦身”

亮点 Bright points

落地式洗漱柜

落地式洗漱柜的安装很方便，原木材质更显自然质朴的美感。

亮点 Bright points

收纳柜

原木色的收纳柜，保留了木材本身的色调及纹理，带来无限暖意。

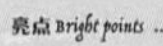

桑拿板

桑拿板具有很好的防水、防潮性，是用来装饰卫生间的好材料，尤其在日式风格的浴室中更是十分钟爱应用此种材料。

94

功能性与装饰性俱佳的创意洗手台

亮点 Bright points

装饰画

浴室内的装饰画装裱时有大量的留白处理，艺术感十足。

亮点 Bright points

洋桔梗

洋桔梗的花期很长，用来装饰浴室，十分洁净、舒适，让小浴室展现出无限的生机。

小家精心布置之处

1.定制的洗手台，简约的外形流露出满满的设计感，集装饰性与功能性于一身，米白色的饰面与亮白色的洁具之间的微弱色差，呈现出和谐、柔和的美感。

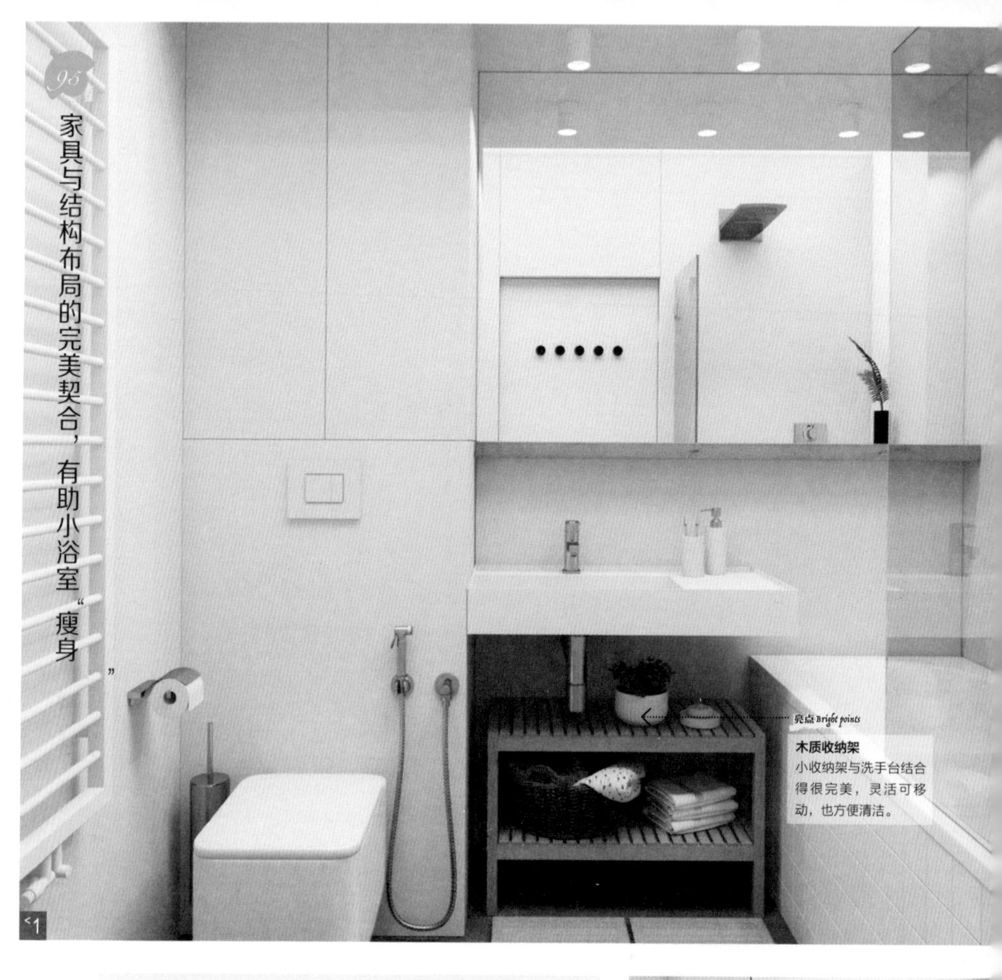

在布置小浴室时，可以结合墙面的结构特点进行装饰设计，让小空间得到更多的释放。如利用定制的洗手台、收纳柜等结合墙面布局，设计一个整齐的界面，规划出更多的收纳空间，也保证了小空间使用的便利性。

小家精心布置之处

1.木质收纳架与洗手台的组合为小卫生间增色不少，虽然造型简单却是点睛之笔，木色带来了温馨，置物架上摆放的绿植更是增添了大自然的生机与清新之感。

2.如厕区延续了洗漱区的设计风格，整体选择了洁净的白色，经典不俗。

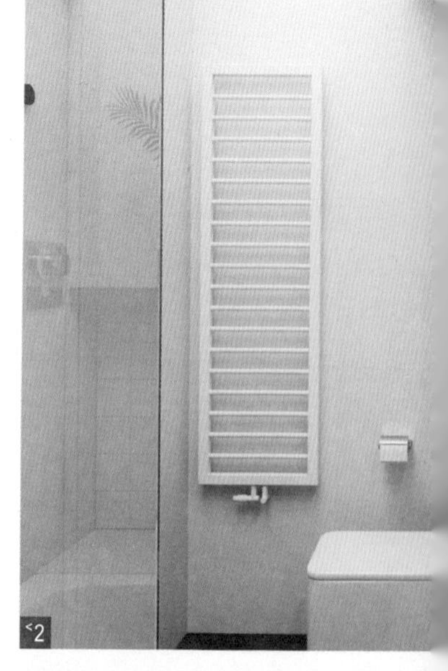

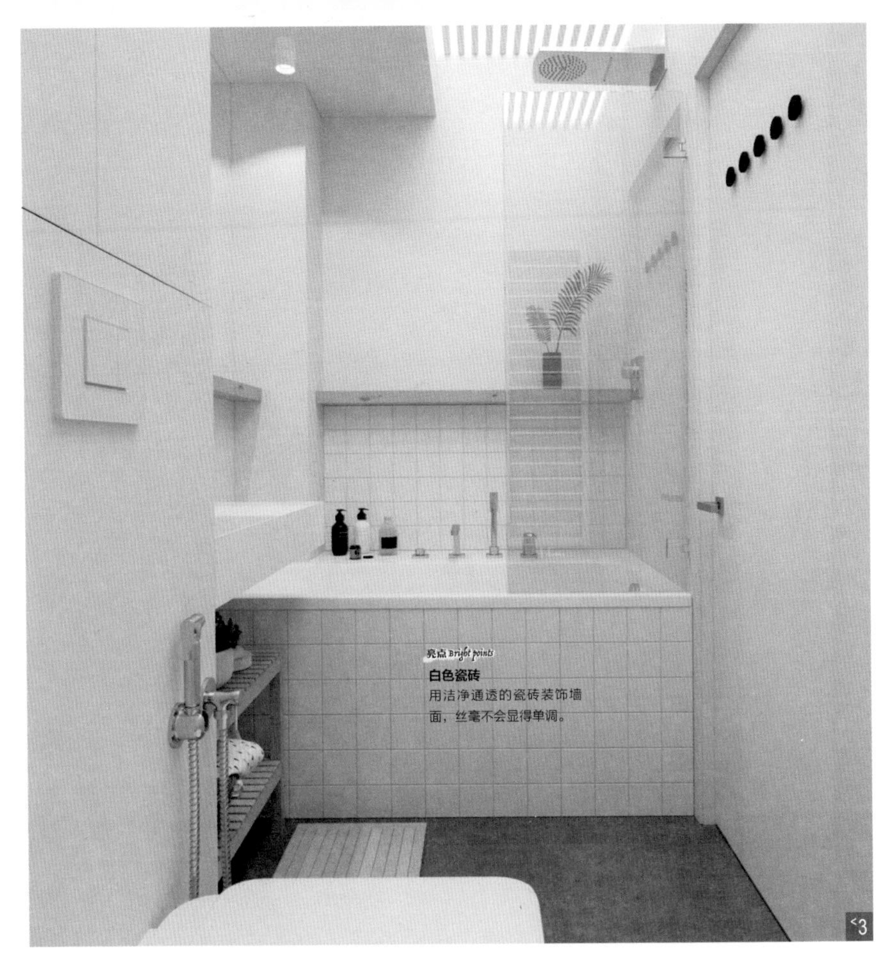

3.日式风格的卫生间再小也会有浴缸的一席之地，浴缸的规划并没有让小空间变得拥挤，通体用白色墙砖进行装饰，点缀一些木质元素和绿植，显得简洁又自然。

4.利用结构特点打造的搁板用来收纳洗漱用品，简单又不浪费空间的设计让小浴室功能更加完善。台面上随意摆放的一株龟背竹更是让小空间有了绿意盎然之感。

5 日式 < 风格
卫生间的收纳规划

良好的生活习惯，让洗手台变整洁

高效整理术，让小浴室告别杂乱

收纳筐，让小浴室更整洁舒适

亮点 Bright points

搁板

将洗衣机上部空间充分利用起来，可以用来放洗漱用的毛巾等，其上放置的收纳篮还可用来收纳小件物品。

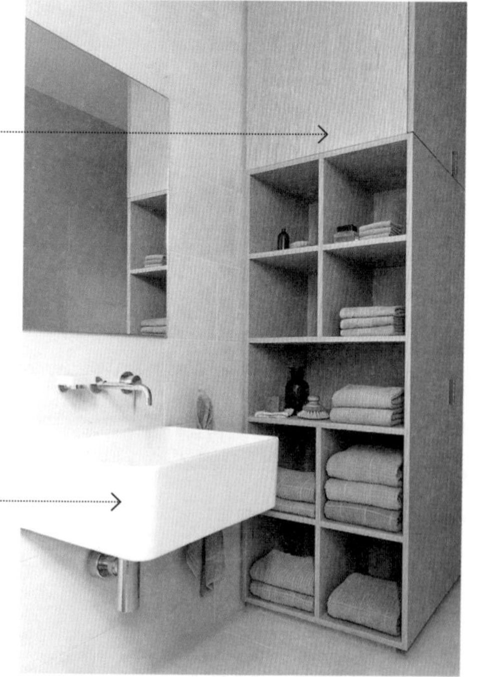

亮点 Bright points

收纳柜

将洗手台一侧的整面墙都规划成用来收纳的柜子，是节省空间、拓展功能的好方法。

亮点 Bright points

洗面盆

悬空式的洗面盆，造型简单大方，日常清理十分方便。

96

良好的生活习惯，让洗手台变整洁

洗手台是最能反映生活细节的地方，良好的生活习惯，能让洗手台始终保持整洁一新。洗手台的四周常会有收纳柜的设置，无论是开放式结构还是封闭式柜体，很容易让人在不知不觉中放上各种东西，因此保持良好的生活习惯才能避免洗手台的摆放不会显得杂乱。平时应注意将日用品分类收纳，根据物品的功能或形状整齐摆放，即使是颜色形成混搭，也不会显得杂乱。

小家精心布置之处

1.洗漱区的规划为小卫生间提供了丰富的收纳储物空间，开放的层板、抽屉结合封闭的柜体，可以按需收纳，让小空间更加井然有序。

2.洗浴区的墙面装饰了壁画，增添了小浴室的趣味性和艺术性，与白色浴缸一起成为主人的解压神器。

3.洗手台和如厕区的墙面都选用了木材进行装饰，形成了白色+木色的经典配色，也通过材质的变换将卫生间的如厕区和沐浴区做了划分。

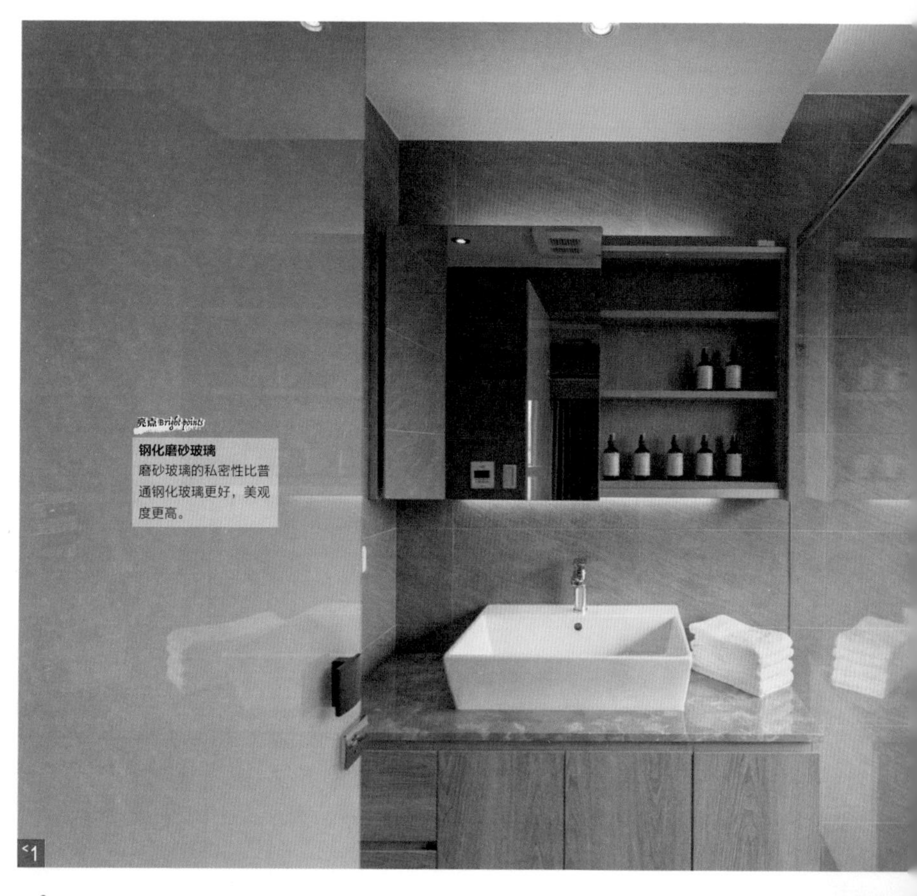

97

高效整理术，让小浴室告别杂乱

让小浴室告别杂乱，首先从释放洗手台开始。在洗漱区上方的墙面设置收纳层板或收纳柜，用来放置一些经常使用的护肤品、毛巾、浴巾等，还可以搭配日式风格居室偏爱的竹篮、木篮等，这些篮子不仅能用来作室内装饰，而且用来存放小件物品也很方便。至于洗漱柜下方的柜体，用来存放洗衣液等重量较大的物品是最合适不过的了，拿取也十分方便。

小家精心布置之处

1.卫生间选择磨砂的钢化玻璃门板，透光不透明、私密性更高；为了节省空间，将淋浴房布局设计成一字形，墙面整体采用浅灰色的哑光墙砖进行装饰，显得时尚又高级。

2.百叶帘防水、耐潮，私密性也很好，用来调节浴室的光线和遮挡视线都是不错的选择。

3.洗漱柜上方整体设计成用来收纳日常护肤品的柜子，彻底释放了台面空间，点点滴滴的生活细节都彰显了主人的生活品位和良好的生活习惯。

收纳层板

日常沐浴用的毛巾和换洗衣物可以收纳在台面下方的层板中，拿取很方便。

小家精心布置之处

1.阁楼改造的卫生间，选材充满原始与自然的味道，双一字形的布局设计，避开阁楼顶面的缺陷，提升使用的舒适度。

2.洗漱台下方规划的收纳空间能够满足日常需求，再搭配一个用来收纳脏衣服的收纳篮，有效提升小空间的整洁度，手工编织的篮子与浴室中的选材形成呼应，充满自然的气息。